健康中国科普丛书

丛书主编　顾旭东

人体奥秘

生命的复杂工程

顾旭东　王　康　主编

南京出版传媒集团
南京出版社

图书在版编目（CIP）数据

人体奥秘：生命的复杂工程 / 顾旭东，王康主编．南京：南京出版社，2024. 12. --（健康中国科普丛书）. -- ISBN 978-7-5533-5043-1

Ⅰ. Q98

中国国家版本馆 CIP 数据核字第 2024PK2931 号

丛 书 名 健康中国科普丛书
丛书主编 顾旭东
书　　名 人体奥秘：生命的复杂工程
作　　者 顾旭东　王　康
出版发行 南京出版传媒集团
南　京　出　版　社
社　　址 南京市玄武区太平门街 53 号
邮　　编 210016
联系电话 025-83283873、83283864（营销）　025-83112257（编务）

策划统筹 孙前超
责任编辑 崔龙龙
执行编辑 马　凌
装帧设计 刘　俊
责任印制 杨福彬

排　　版 南京私书坊文化传播有限公司
印　　刷 南京爱德印刷有限公司
开　　本 787 毫米 ×1092 毫米　1/16
印　　张 14
字　　数 200 千
版　　次 2024 年 12 月第 1 版
印　　次 2024 年 12 月第 1 次印刷
书　　号 ISBN 978-7-5533-5043-1
定　　价 56.00 元

健康中国科普丛书
编委会

主　编：顾旭东

副主编：孟　嘉　陆　玲　孙继红

《人体奥秘：生命的复杂工程》
编委会

主　编：顾旭东　王　康

副主编：袁雪丰　曹昌魁　滕　瑶

编　委：戴加飞　刘　瑜　赵　欣

黄迎春　戴婷婷　顾家琪

目 录

第1章

超能感官队：眼、耳、鼻的酷炫冒险

❶ 人体的奥秘：照相机

最近有很多小朋友吐槽，爸爸妈妈不让他们玩电脑、手机了，还念叨要保护好眼睛，那么眼睛到底是什么呢？

人的眼睛是生物界中最优秀的视觉器官之一，是大自然赋予我们的“超级照相机”。有了眼睛，我们能够看见各种好看的风景，能看见小鸟在天上自由自在地飞翔，看见小动物们在地上肆意奔跑。

眼睛是五官之首，是身体中复杂的器官之一，眼睛内部的各个组织之间相互作用，保护着我们的视觉不受影响。

小朋友们，你们了解自己的眼睛吗？那就让小霖姐姐带你们探索一下眼睛的世界吧！

眼球的外部结构称为眼球壁，由外层、中层和内层这三层组成。外层为纤维膜，包括角膜和巩膜；中层为葡萄膜，也称色素膜，由虹膜、睫状体和脉络膜三部分组成；内层为视网膜，由神经上皮层和色素上皮层构成。透明的角膜相当于是照相机的镜头，负责搜集各种各样的物像。坚硬而不透明的巩膜又叫白眼珠，作为保护整个眼球的“骑士”，使眼球可以鼓胀起来。

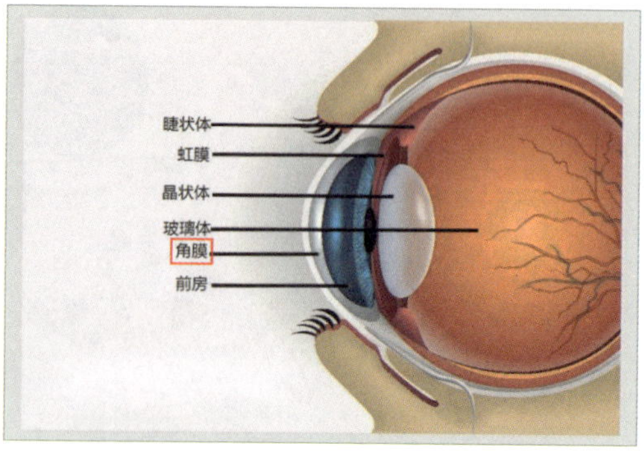

虹膜可以随着光线的强弱使瞳孔缩小或扩大，相当于照相机的光圈。脉络膜相当于照相机的暗盒壁，可以阻挡光线并供应营养。

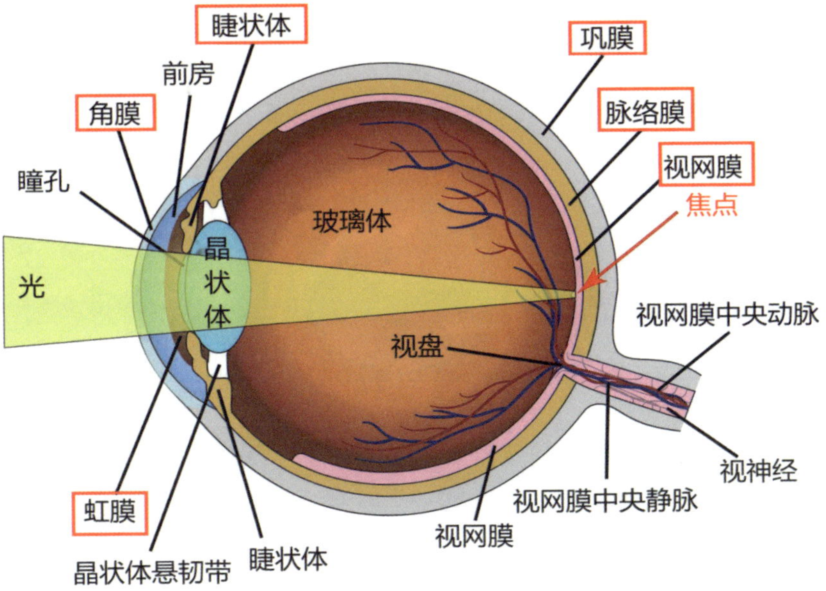

视网膜是眼球壁最里面的一层，它有两个好朋友，一个住在它的中央叫作视锥细胞，能够感受强光刺激和颜色刺激；另一个是住在视网膜周边的视杆细胞，它分辨形象的能力比较差，而且不能分辨颜色，只能看出物体的大概轮廓。

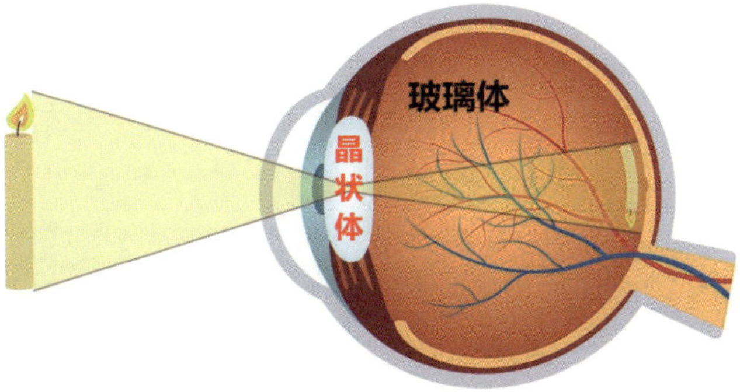

眼球的里面是晶状体和玻璃体，有弹性的晶状体好像一块凸透镜，中间厚周围薄，能够折射光线，使所视物体正好落在视网膜上。

晶状体的后面是像鸡蛋清一样的玻璃体，相当于照相机的空隙，可以让光线自由透过，具有屈光和保持眼球形态的作用。

除眼球外，眼睛还有眼睑、结膜、泪器、眼外肌等眼副器，对眼球起着支持、保护和运动的作用，是眼球最忠心耿耿的“保卫官”。

眼睑的游离缘长有长长的“门帘”——眼睫毛，眼睫毛能防止灰尘和异物进入眼睛。每当寒冬腊月北风呼啸时，许多人的鼻子、耳朵冻得通红，然而眼睛却安然无恙，这是为什么？

原来角膜上只有触觉神经和痛觉神经，没有感觉冷的神经，而且角膜和巩膜缺乏血管，几乎没有散热作用。所以无论天气怎样恶劣，眼睛都能泰然处之。

预防近视眼对小朋友们是十分重要的。我们现在一起来仔细了解一下近视眼的知识吧！

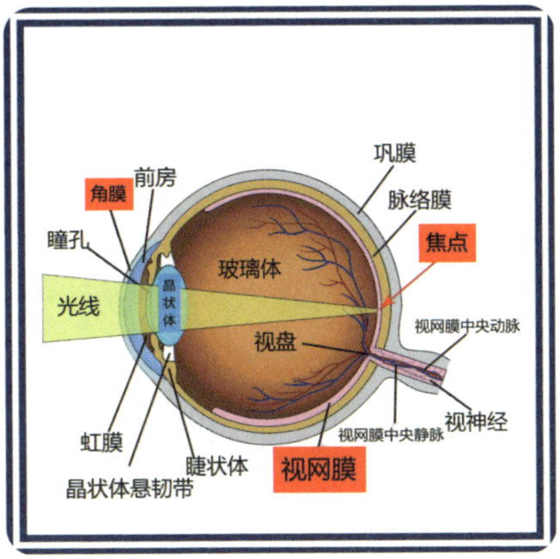

角膜负责采集光线，晶状体负责调节焦距，使焦点落在视网膜上，视网膜则负责成像。

健康的眼睛根据物体距离的远近，自动调节晶状体的曲度，从而使人可以清晰地观看物体。

晶状体像一个可以变形的凸透镜，当睫状肌收缩，晶状体变凸，焦距变短。近视分为假性近视和真性近视，假性近视是指睫状肌的持续收缩导致调节痉挛，使得晶状体屈光度增加，眼睛处于近视状态，可以通过休息放松等方式纠正。

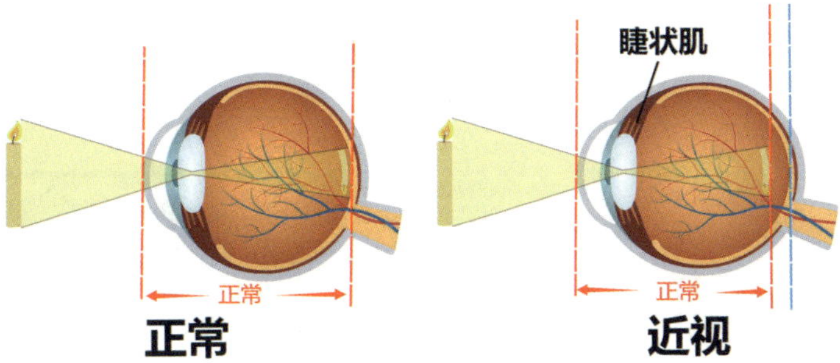

眼轴是指角膜与视网膜之间的距离，当眼轴过长，成像始终落在视网膜前，则称为真性近视。

导致视力下降的原因有哪些呢？包括环境、遗传以及身体因素。环境因素包括看书时间过长、读写姿势不正确、过度使用电子产品等。

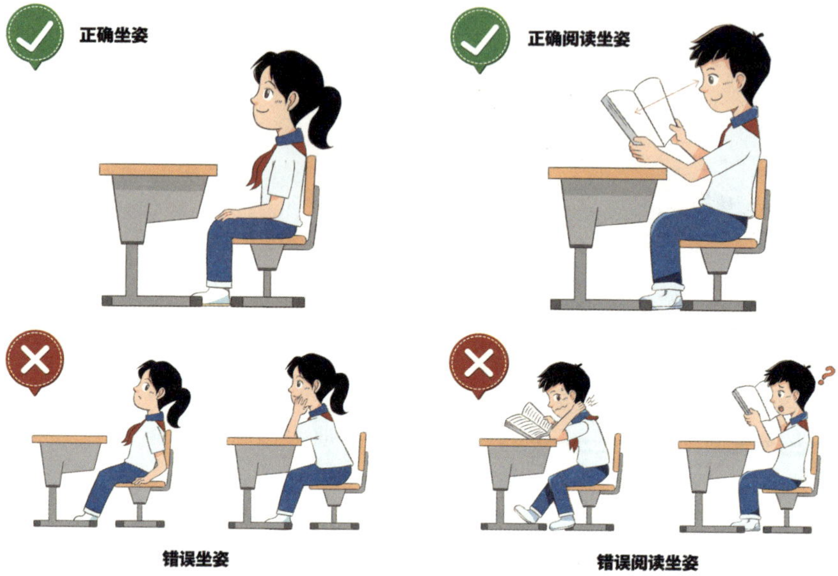

当父母都是高度近视的时候，孩子有 60%~90% 的可能会遗传近视，缺乏运动、体质弱、挑食，也会增加近视的可能。

眼睛的世界好复杂，眼睛真的是人体最优秀的器官之一，但眼睛也是非常脆弱的，所以我们要好好保护它。

虽然动画片很好看，手机里的游戏很好玩，但小朋友们不可以长时间盯着屏幕。

小朋友们要定期到正规医院检查视力，佩戴验光准确的眼镜。行为习惯是影响近视发展的重要因素，我们要保持正确的读书写字姿势，注意用眼时间，保证用眼时光线适宜，增加户外活动时间。

那么正确的写字姿势是什么呢？

小朋友们写字时要牢记“一尺一拳一寸”口诀，即眼睛与书本距离为一尺（约 33 厘米），胸前与课桌距离为一拳（约 10 厘米），握笔的手指与笔尖距离为一寸（约 3 厘米），更要牢牢记住不能歪头写字。

我们该吃点什么对眼睛好的食物呢？

胡萝卜、红薯、西兰花、青椒等蔬菜，以及草莓、橙子、猕猴桃、西柚等水果，都对我们的眼睛有好处，小朋友们记住了吗？

我们不能长时间用眼，要遵循“20、20、20”用眼原则，即每次用眼 20 分钟就要远眺不低于 20 英尺（约 6 米）的距离 20 秒。

“爱护眼睛”拍手歌：你拍一，我拍一，用眼卫生要注意；你拍二，我拍二，眼保健操好伙伴；你拍三，我拍三，劳逸结合记心间；你拍四，我拍四，端正姿势来写字；你拍五，我拍五，坐车走路不看书；你拍六，我拍六，课间休息遛一遛；你拍七，我拍七，不要躺着来学习；你拍八，我拍八，视力定期要检查；你拍九，我拍九，锻炼身体要持久；你拍十，我拍十，良好习惯要保持。

❷ 人体的奥秘：收音机

最近好朋友遇到了一点烦心事，他说自己晕车太严重了，一上车就会头晕，很想吐，这是怎么一回事呢？那我们就来说一说和晕车有着极大关系的器官——耳朵。

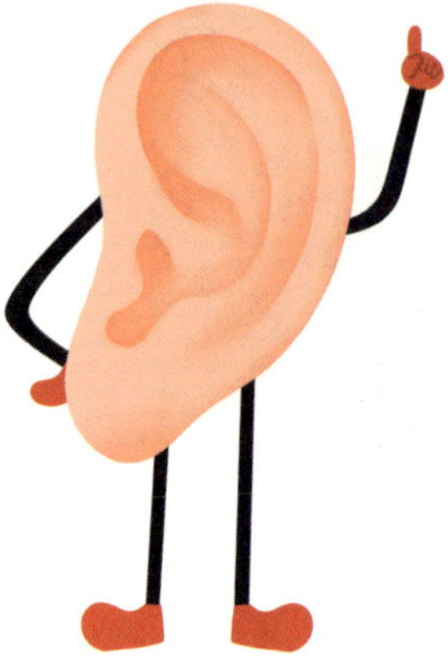

耳朵是我们人体自然形成的“收音机”。我们之所以能够听到声音，就是因为耳朵在其中发挥了重大作用。

可是如果我们仅仅把耳朵当作听觉器官，耳朵就会不高兴，因为它还有感受位置变动以及保持机体平衡的功能。

小朋友们快照照镜子，看看我们的耳朵到底是什么样子的呢？

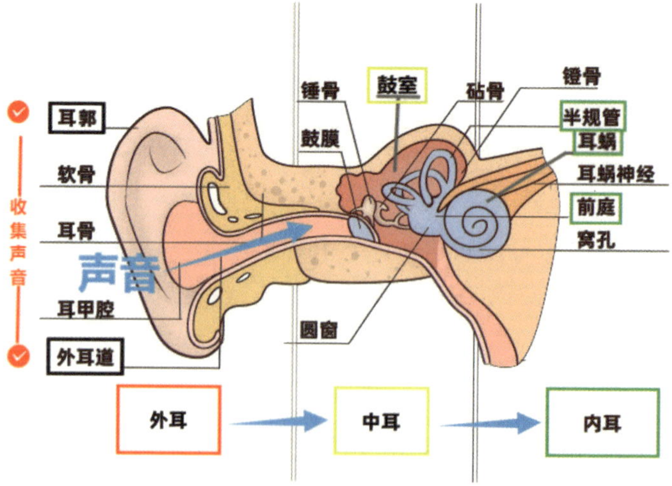

人体的器官都是精密仪器，我们的耳朵主要分为外耳、中耳和内耳三大部分，让我们感受到外部声音的丰富多彩。

外耳相当于收音机的天线，包括耳郭和外耳道两个部分，它们能够把外界的声音集中起来，打包送给中耳和内耳。

中耳相当于收音机的传声设备，包括鼓室、咽鼓管和乳突小房，负责把外界的声音传入内耳。

内耳则相当于收音机感受声音的地方，包括像蜗牛壳一样的耳蜗、前庭、三个半环形的半规管。内耳又被称为迷路，可分为骨迷路和藏在其中的膜迷路，里面充满了淋巴液。

小朋友们有没有比较过自己的两个耳朵呢？它们是不是一模一样的呢？

全国爱耳日

虽然我们的耳郭就像是一对同卵双胞胎，但其实是不一样的。耳郭和小树叶一样，世界上找不到两只完全一样的耳郭，即使是同一个人的两只耳郭的略有差异，所以耳郭也是警察叔叔们抓捕坏人的有效证据之一。

为什么人的耳郭不像动物的那样灵活自如，也很少有人能够像大耳朵图图那样有“动耳神功”呢？

那是因为人的耳郭上没有肌肉，不能收缩自如。

了解完我们耳朵的构造，我们可以解答开头的问题了。晕车到底是怎么一回事呢?

我们在乘坐车、船、飞机等交通工具时，车的震动、船的摇摆、飞机的颠簸，都会刺激内耳前庭感受器，从而会引起头晕、恶心等症状。

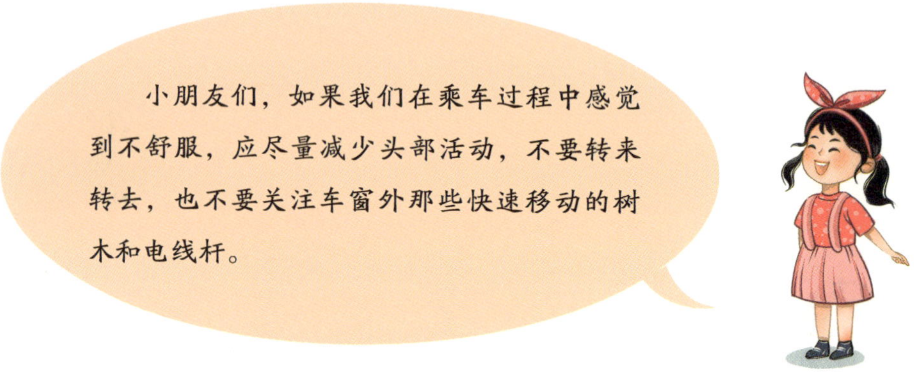

是不是有这样一些小朋友，他们的妈妈特别爱干净，总会时刻留意着小朋友耳朵里的耳屎，担心耳屎积攒太多会影响听力呢?

其实正常的耳屎是不会影响耳朵健康的，耳屎是由外耳道皮肤的皮脂腺正常分泌形成的。它在耳道里形成了一层保护膜，隔离微生物、小虫子和其他外部的刺激物。

一般来说，当耳屎多的时候，它会裹带着微生物、尘土和其他碎屑从耳朵眼里掉出来。小朋友们，下次妈妈再扯着你们的耳朵要掏耳朵时，记得告诉妈妈，不要用挖耳勺、棉签等工具随便掏耳朵，一旦损伤幼嫩的耳道或鼓膜，可能导致感染或影响听力。

如果妈妈一定要为小朋友掏耳朵，记得要告诉妈妈正确的清除耳屎的方法。第一种方法是妈妈操作时一定要细心，小朋友们可以躺下来，需要清理的耳朵朝上，让妈妈轻轻地往耳道里面滴 4 滴医院配置的耵聍水，静躺 10 分钟等待耳屎软化，

然后让妈妈用温水温柔地把耳屎冲出来。

第二种方法是去医院找医生，我们可以求助耳鼻喉科的医生们，让他们用专业的工具清理小朋友们的耳朵。去看医生之前，让妈妈给小朋友们滴几滴软化耳屎的药水，医生操作起来更轻松，我们也更舒服。

❸ 人体的奥秘：空气加湿器

有一个小朋友说，爸爸晚上睡觉打呼噜，吵得她睡不着觉。小朋友们知道打鼾是怎么回事吗？有没有仔细观察过自己的鼻子呢？

鼻子是人体的嗅觉器官，是大自然赋予人体的“气体分析仪”。

我们吸气时，空气中的异物和细菌可以统统被鼻子过滤掉，可以说鼻子是我们呼吸道的“皇家保卫官”，严格把守着第一道关卡。

人的头部含有 8 个鼻窦，可以减轻头部的重量，产生共鸣。作为呼吸道的保卫者，鼻子不仅是空气在人体里的进出口，还是一个集高效过滤、升温于一体的“空气调节器”。

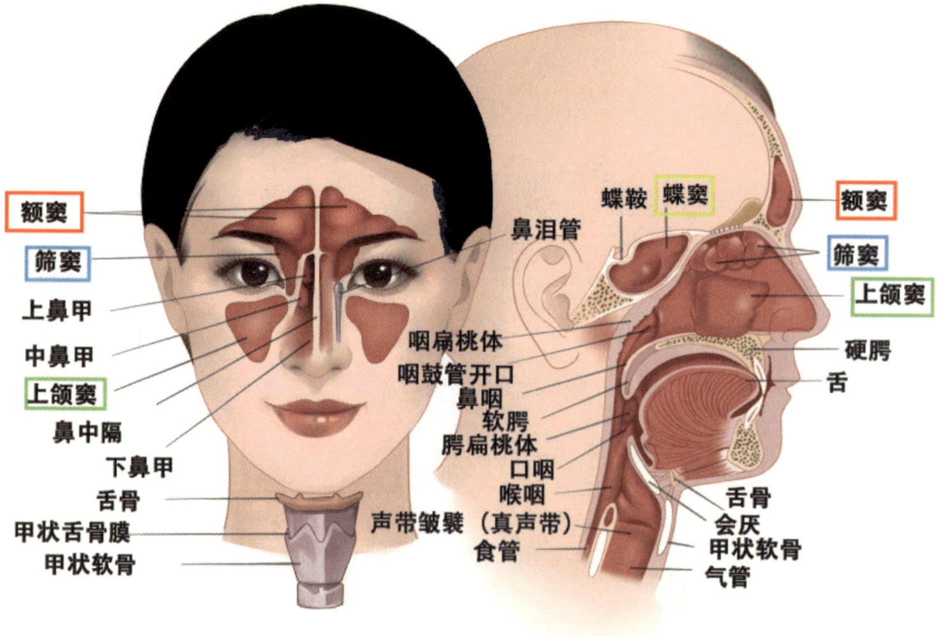

鼻子由鼻梁、鼻翼、鼻尖和鼻孔组成。鼻子的外形别致，而且特别实用。突出于嘴部上方的鼻子，呼吸起来显然很方便，不会让嘴巴挡住我们的呼吸。在吃东西时也利于闻到食物气味，可以弥补舌部味蕾捕捉不到的食物信息。

鼻梁，就是从鼻子的最上面开始，一直延伸到下面的那部分。最下面那个尖尖的部分就是鼻尖，鼻尖两边是鼻翼。鼻尖下面就是鼻孔了，两个鼻孔能让空气自由自在地进出呼吸道。鼻孔后面，藏着两个鼻腔，它们之间是由一层薄薄的软骨和骨头组成的鼻中隔隔开的。至于鼻梁，它是由比较厚实、比较硬的软骨和骨头构成的，主要负责支撑和保护鼻子。

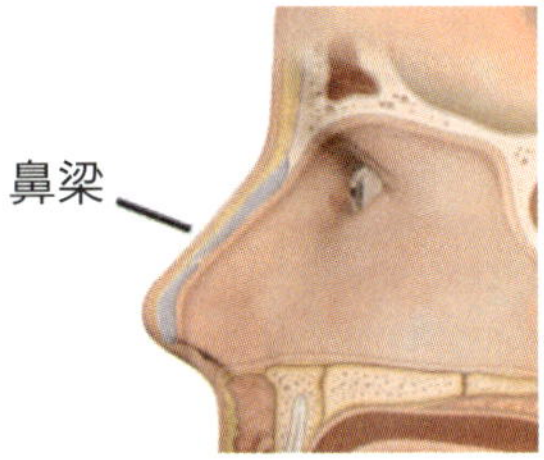

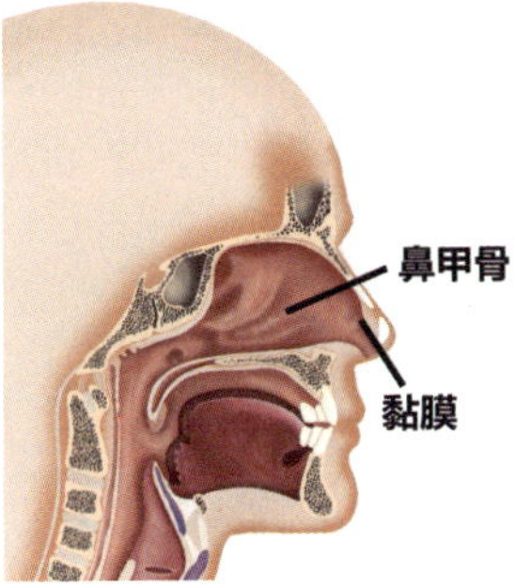

鼻内壁黏液层之下是布满血管的黏膜，小朋友们别小看了这些其貌不扬的小黏膜，它们可是把吸入的空气变得潮湿温热的大功臣。这些小黏膜用身体的热量将进入鼻内的冷空气变热，并且它的附近有三个涡卷形鼻甲骨，从鼻子两旁水平伸展，相当于空气调节器上的散热片，既可以增大外来空气与鼻腔的接触面积，也能提高传热效率。

鼻子内部还有一些孔道连接其他器官，比如鼻泪管通向眼睛，咽鼓管通向耳朵。

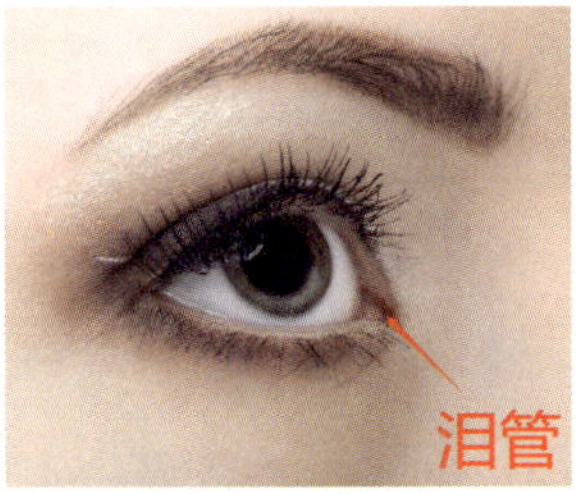

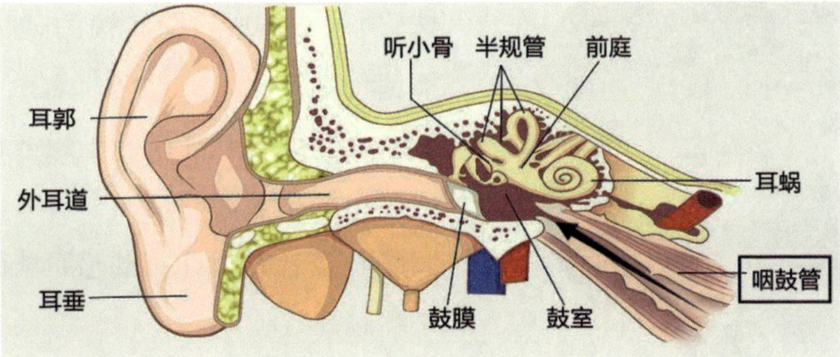

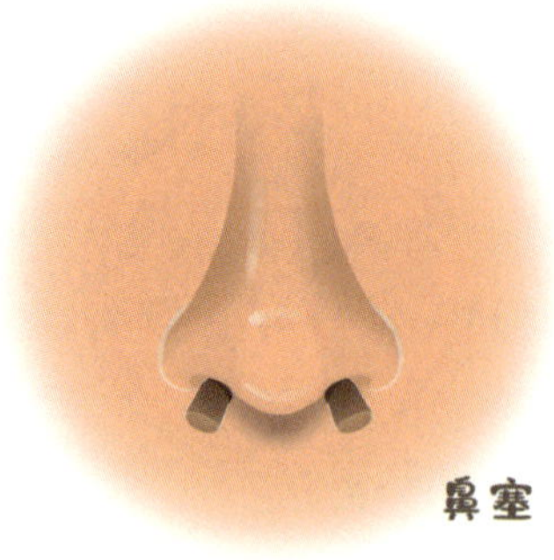

我们的嘴巴对细菌入侵往往是束手无策的，同时对吸入的空气也没有加热与加湿作用。所以小朋友们无论是在日常生活中，还是在运动过程中，都要坚持用我们的鼻子进行呼吸，除非患有感冒或过敏症而产生鼻塞时，可以暂时通过口呼吸来缓解一下。

感冒流鼻涕，鼻子会被堵得严严实实的，我们该怎么擤鼻涕呢?

美国医学会曾提出过一种正确方法，轻轻按住一个鼻孔，再擤另外一个，即不要两个鼻孔一起擤。若鼻子不通，可分多次轻轻擤，千万不能一次大力擤出。

鼻涕内含有较多细菌，用软纸巾抹完后，扔进不易接触的地方，防止细菌传播。

鼻孔处皮肤如果因干燥或机械摩擦出现粗糙、破裂的情况，可以涂抹一些润肤乳或者专门针对敏感肌肤的保湿霜来缓解症状。

学会正确的擤鼻涕方法后，我们也要学习一下在平时如何保护我们的鼻子。

第一，鼻毛具有过滤空气和增强鼻腔防御功能的作用，因此我们不应该随意拔剪鼻毛。如果看到有人拔鼻毛，应该提醒他这样做可能会损害鼻腔的自然保护功能，并建议他使用专门的鼻毛修剪工具来适当修剪，以保持鼻腔的健康。

第二，不要用手抠鼻孔，鼻子会受伤的。如果鼻子不舒服，可以用生理盐水及时清洗。

第三，我们不能一直待在室内，要经常去户外呼吸新鲜空气，多参加户外运动，给我们的鼻子减轻负担。

第四，冬天室内开空调十分暖和，却也非常干燥，所以我们要给室内加湿，经常通风换气，不然我们的鼻子可就会干燥难受，甚至出血。

第五，当鼻子受伤或因其他原因鼻出血时，我们需要采取正确的止血方法：若出血量不大，可以通过捏住鼻翼两侧以及头部微微前倾的方法止血，而不是抬头用冷毛巾敷头的方法止血；若出血不止或是鼻骨折，我们要赶紧到医院进行治疗。

流鼻血

学习了这么多关于鼻子的知识，小朋友们还记得最开始的那个问题吗？打鼾是怎么一回事？鼾声又是从哪里来的？

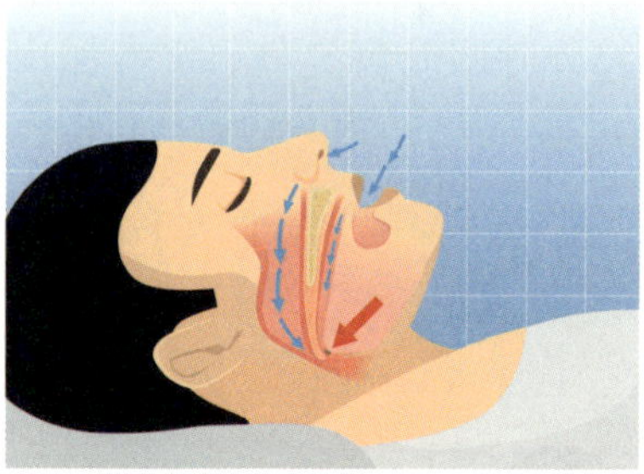

因为某些原因，比如肥胖、睡姿不当、气道狭窄、不良生活习惯以及呼吸道疾病等，造成了呼吸道的部分阻塞，睡觉的时候不是用鼻子呼吸，而是改用口呼吸，这是造成鼾声大作的主要原因。当空气从嘴吸入之后，引起口腔后部的软腭震动，于是就会发出隆隆的鼾声。所以小朋友的爸爸不是故意的。小朋友们，要是你们也遇到了一样的问题，记得要提醒爸爸，可以去医院的耳鼻喉科检查一下。

通过本章理论的学习，希望大家能够掌握眼、鼻、耳的结构功能，掌握近视眼的成因以及预防的方法。我们一定要保护好自己的视力。

实验小链接

这次要完成的实验叫作“谁是你的主导眼”。

两眼注视远处一个固定点，然后闭上你的左眼，用手指指向这一固定点，睁开左眼始终注视这一固定点，如果手指还指向目标，你的主导眼就是右眼，否则主导眼就是左眼。

动手做一做

第一，核对一下手中的材料，25 平方厘米的蜡纸、报纸、玻璃杯、少量水、吸管。

第二，把蜡纸放在报纸上，透过蜡纸看报纸上的字，它们看起来是什么样子？

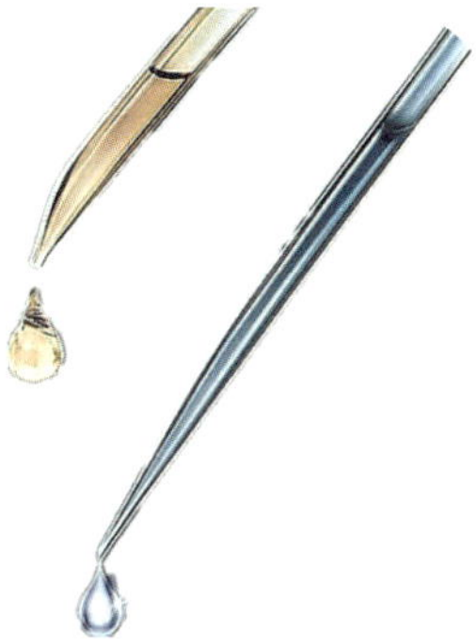

第三，用玻璃杯盛一些水。

第四，用吸管从玻璃杯中吸水并滴一滴到蜡纸上。

第五，透过蜡纸上的水滴看报纸上的字。

这次它们看起来如何？小朋友们知道其中的奥秘吗？

字被放大了。这是因为水滴起到了放大镜的作用，放大了下面的字。

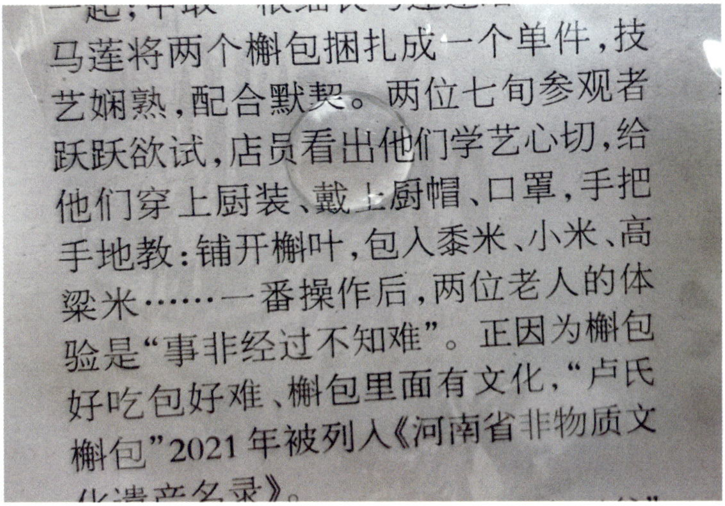

马莲将两个槲包捆扎成一个单件，技
艺娴熟，配合默契。两位七旬参观者
跃跃欲试，店员看出他们学艺心切，给
他们穿上厨装、戴上厨帽、口罩，手把
手地教：铺开槲叶，包入黍米、小米、高
粱米……一番操作后，两位老人的体
验是“事非经过不知难”。正因为槲包
好吃包好难、槲包里面有文化，“卢氏
槲包”2021 年被列入《河南省非物质文

第2章

空气的力量：肺与气管的呼吸奇遇

❶ 人体的奥秘：人体换气站

最近有小朋友问：食物、水、空气哪一个对人体最重要？

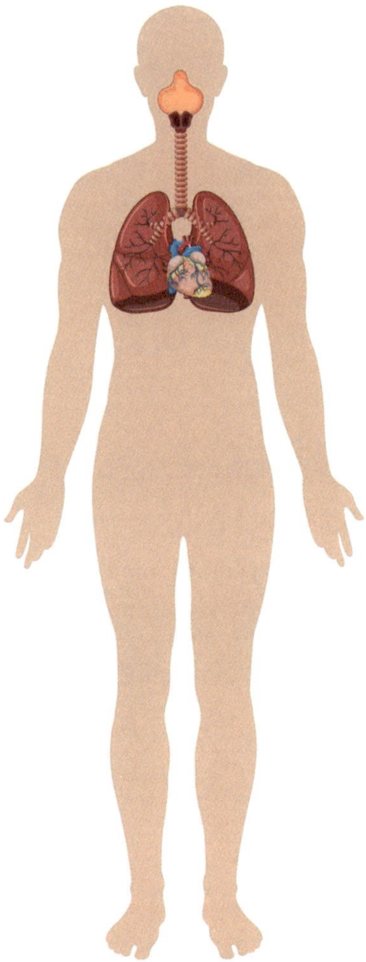

没有食物和水，人体能够短时间生存，但如果离开了持续的氧气供应，人体将无法生存。

人体通过呼吸系统完成与外界的气体交换。呼吸系统主要包括呼吸道和肺，它通过气体交换机制和血液循环，将氧气运送到全身的各个器官，同时各个器官产生的代谢物如二氧化碳，再一路经过血液循环运送到肺，最后通过呼吸道呼出体外。

保持通畅的呼吸道来吸入氧气是人类生存的第一要素。空气就像一列火车，在始发站——鼻腔进行初步过滤后，一路经过咽喉、气管、支气管、细支气管直至终末细支气管等各大站点，沿途的几大站点构成了人体里一套完整的呼吸道。

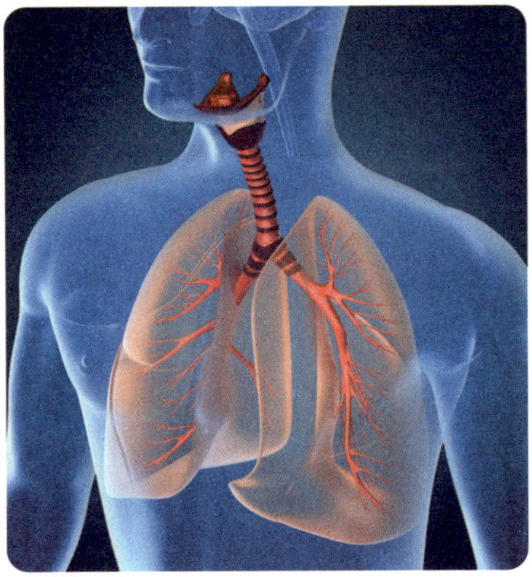

肺，是我们呼吸系统中最重要的一个器官，负责人体与外界的气体交换工作，就像一个换气站。肺是人体的呼吸枢纽，它位于胸腔，呈圆锥形，由左肺和右肺两部分组成，占据了胸廓内的大部分空间。

幼儿的肺呈淡红色，但随着年龄的增长，人体吸入的空气中的灰尘逐渐沉积于肺内，肺就会逐渐变脏，颜色转为灰暗，同时也会出现许多蓝黑色斑点。

肺并不坚硬，就像海绵一样柔软，这是由其内部结构决定的。肺是一个装满空气的器官，有许许多多以肺泡为末梢的分支管道，氧气在这里进入血液，二氧化碳在这里排出。它柔软而富有弹性，分为左右两部分。左肺与右肺各自拥有肺门，供支气管、血管、神经和淋巴管出入。

支气管在肺叶里像树枝一样反复分支，在树梢四周有许多凸起的小囊泡，这就是肺泡。肺泡是肺的基本单位，直径大约在200~250微米，它们之间有一层叫肺泡隔的薄壁。肺泡隔里有着丰富的毛细血管，血管中的血液与肺泡内的空气只相距不到1微米，氧气和二氧化碳很容易穿进穿出，所以肺泡可以说是直接进行气体交换的地方。

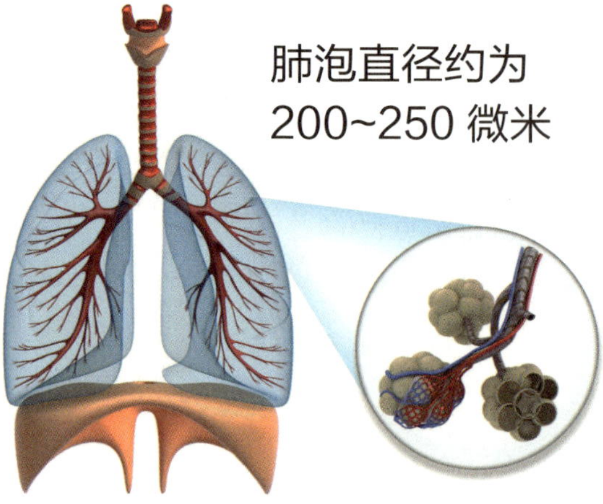

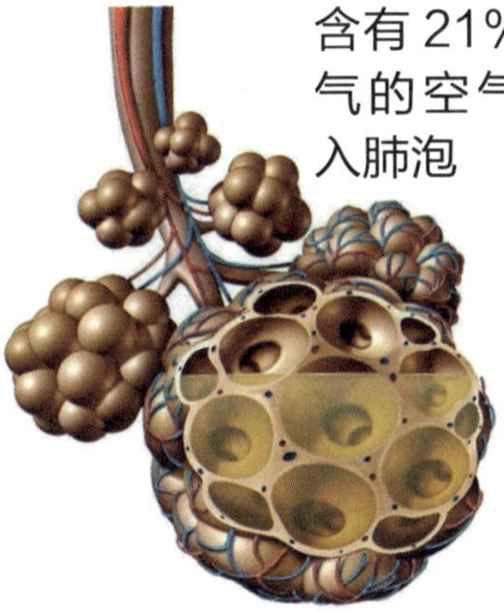

吸气时，含有 21% 氧气的空气进入肺泡，氧气经由肺泡壁进入血液中。据估算，一个成年人大概有 3 亿至 4 亿个肺泡，表面积加起来约有 100 平方米，相当于一个三层楼高的大气球，经常参加锻炼的人肺泡可多达 7 亿个以上。如果体内肺泡的表面积减少一半，也就是只有大约 50 平方米时，人就会出现呼吸困难或换气不足等危急情况。

小朋友们有没有发现，我们在吸入烟草气味时会控制不住地咳嗽，这是为什么呢？

原来烟草气味会刺激咽喉，引起反射性的咳嗽，这是机体自我反射的保护动作。

那么小朋友们该怎么去保护我们的肺呢？

第一，室内要多通风，多去户外呼吸新鲜空气，遇到雾霾天气一定要戴口罩；第二，要避免重度污染的环境，小朋友们要提醒爸爸妈妈做饭时把油烟机打开；第三，要避免吸入冷空气，预防呼吸道感染；第四，可以吃玉米、大豆等有助于养肺的食物。

❷ 人体的奥秘：气体输送道

气体是通过什么进入人体的呢？

答案是气管和支气管。

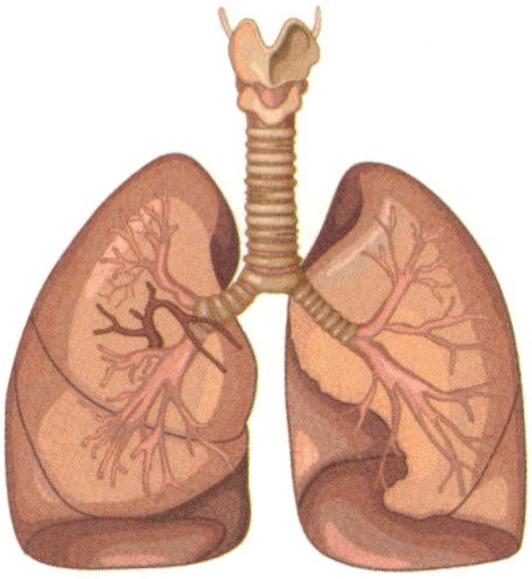

气管、支气管构成了人体重要的呼吸通道，其形态恰似一棵倒立且枝繁叶茂的大树。

气管及支气管是连接喉与肺的通道，它们以“C”形的气管软骨为支架，从而保持管腔的开张状态。

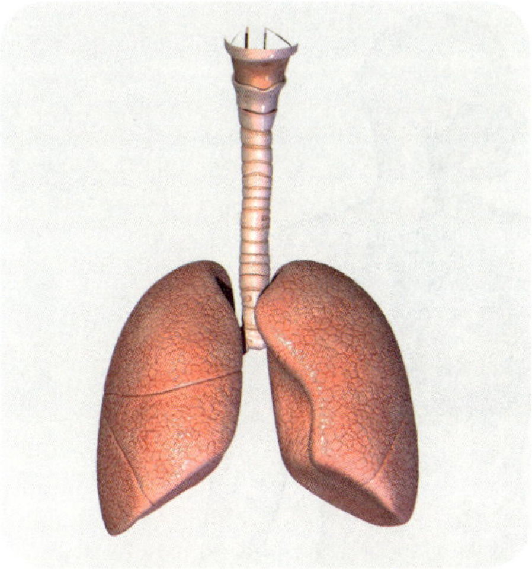

气管的长度和粗细因性别及年龄而不同，成年男性的气管长度约为 11 厘米，而成年女性的气管长度要略微短一些。

气管的下方分为左右两大支气管，右支气管粗而短，与地面较垂直，所以从气管进入的异物容易落入右支气管，而左支气管又细又长，与地面也较平行，所以异物不易进入。

气管和支气管内的黏膜能分泌黏液，这些黏液能将空气加湿，还能黏附空气中的病原体，通过纤毛摆动将其排出体外，从而减少病原体对呼吸道的侵害。

鼻腔和气管的黏膜上分布着无数细小的纤毛。这些纤毛向咽喉方向不停地摆动，将没有被鼻腔过滤掉的灰尘、病原体以及气管分泌的黏液一起送到咽部。随后，这些物质通过咳嗽排出体外，形成我们常说的痰。因为痰中有

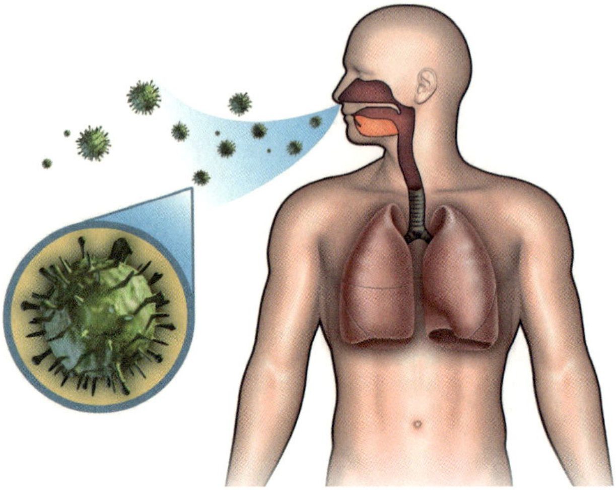

很多病原体，所以我们要养成不随地吐痰的习惯。

气管和支气管受到病原体感染或者冷风、烟尘刺激时，黏液的分泌和排出就会增多，使人不断地咳嗽和排痰。

儿童的气管和支气管比成人长度短，口径窄，质地软，黏膜柔嫩，血管丰富，而且黏液分泌少，纤毛运动能力差，更容易被灰尘、病原体侵犯，导致气道损伤。所以要特别小心保护，外出时佩戴好口罩，这样才能保持气体输送的顺畅。

小儿哮喘又称为支气管哮喘，简称“哮喘”，是儿童期最常见的慢性呼吸道疾病。

小儿哮喘是不是与支气管有关呢？

咳嗽

喘息

胸闷

小儿哮喘临床表现以咳嗽、气喘、流鼻涕、打喷嚏等过敏症状为主，严重者出现喘憋、呼吸困难，严重影响儿童健康生长。

哮喘发作前可出现流涕、打喷嚏、胸闷等症状；发作时可有呼吸困难，严重者可有端坐呼吸，伴惊恐不安、大汗淋漓、面色青灰，更有甚者会并发肺部感染。多数患上小儿哮喘的小朋友们需要通过治疗缓解病症。

气促

那小儿哮喘是由什么引起的呢?

小儿哮喘的致病因素十分复杂，多见于过敏体质者。最常见的过敏因素包括春秋季的花粉、植物，冬季冷空气的刺激，动物皮毛、皮屑，以及螨虫等。

小儿哮喘多与食物不耐受有关，其中鸡蛋、牛奶是主要的过敏原。

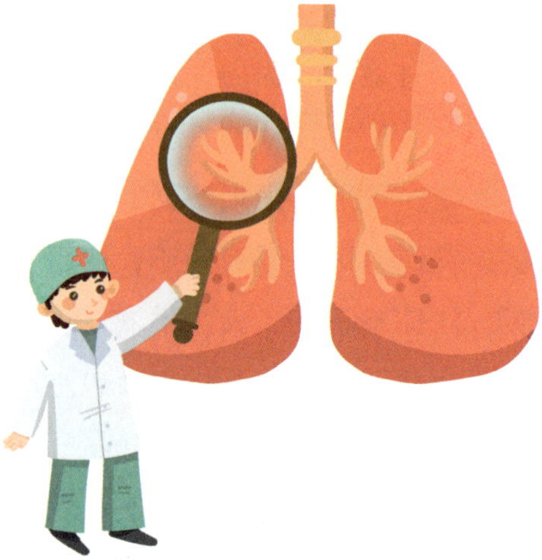

我们可以将小儿哮喘的病程分为三期，分别是急性发作期、慢性持续期和临床缓解期。

第一，急性发作期表现为突然发生喘息、咳嗽、气促和胸闷等症状，或原有症状急剧加重。

第二，慢性持续期是指近三个月内不同频度或不同程度地出现喘息、咳嗽和胸闷症状。

第三，临床缓解期是指经过治疗或未经治疗，症状和体征消失，肺功能指标恢复正常或达稳定状态，并维持三个月以上。

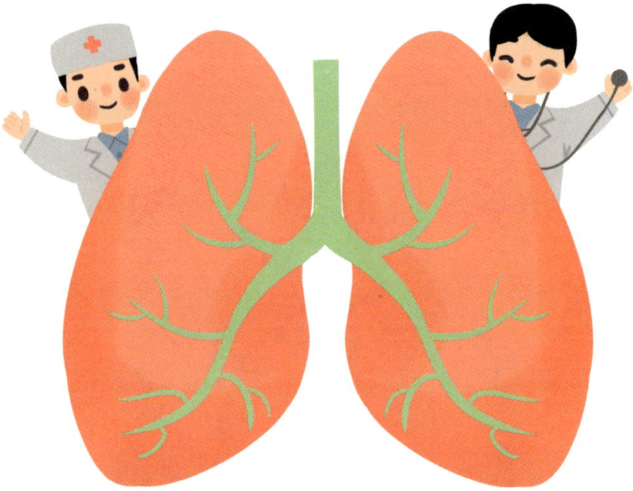

那什么样的小朋友需要格外注意呢？

过敏体质的小朋友以及 5 岁以下的儿童和婴幼儿需要格外注意，出现哮喘症状时父母要及时带着小朋友去医院就医。

③ 人体的奥秘：肺的通气功能

所有的生物都需要呼吸，那人是怎么呼吸的呢？

呼吸最重要的器官是肺，我们来聊一聊肺的通气功能吧！

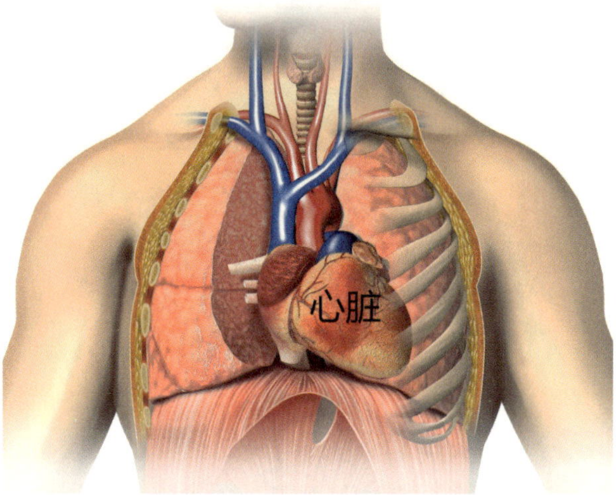

肺在胸口的位置，左右各有一个，覆盖在心脏上，起着部分保护心脏的作用。左边的肺有一个斜裂，将左肺分成两部分，为上、下肺叶。右边的肺有一个斜裂和水平裂，将右肺分成三部分，为上、中、下肺叶。

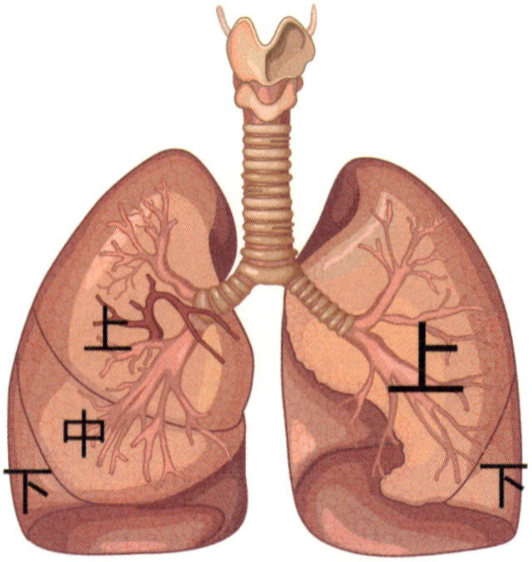

肺与喉咙通过气管相连，因为肺有两个，因此气管在接近肺的地方分成了左右两支，分别为左右主支气管。左主支气管细而长，平均长 4~5 厘米，走向较倾斜，经左肺门入左肺。右主支气管短而粗，平均长 2~3 厘米，走行较陡直，经右肺门入右肺，所以有异物进入气管时，常掉入右边。

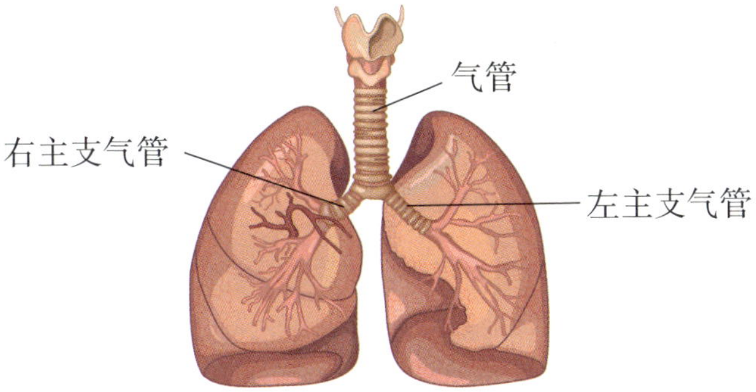

主支气管从肺门进入肺后，就会分成第二级支气管。第二级支气管又会分成第三级支气管以及更细的分支，其中第二级支气管及其分支所覆盖的范围构成一个肺叶；第三级支气管和它的分支所覆盖的范围构成一个肺段。这种分级分支过程可达 23~25 级，最终形成肺泡。

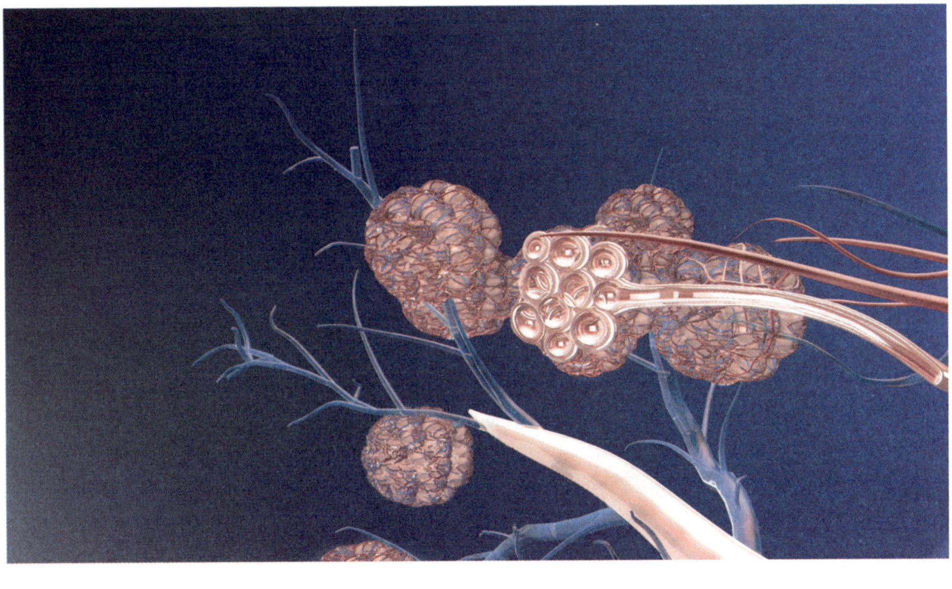

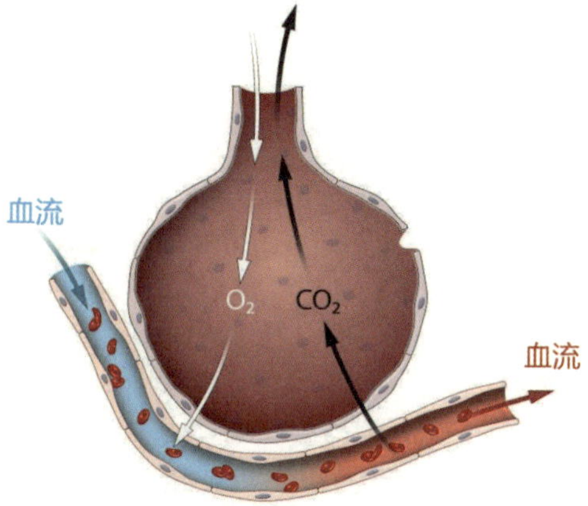

在支气管的各级分支之间，以及肺泡之间，存在着如同棉花般的结缔组织。血管、淋巴管以及神经等，伴随着支气管的分支，分布于这些结缔组织之中。肺泡是由单层上皮细胞构成的半球状囊泡，其外形恰似一个气球。肺泡不仅是肺部进行气体交换的关键部位，更是肺的基本功能单位。

肺泡的大小形状不一，有的是大“气球”，有的是小“气球”，平均直径约为200~250微米，而成年人约有3亿至4亿个肺泡，总面积约100平方米，比人的皮肤的表面积还要大好几倍。

那我们是怎么用肺呼吸的呢？

肺主要负责外呼吸，包括肺通气和肺换气两个过程。肺通气是指肺与外界环境之间的气体交换，通过呼吸道、肺泡和胸廓等结构实现。肺换气则是指肺泡与肺毛细血管之间的气体交换。

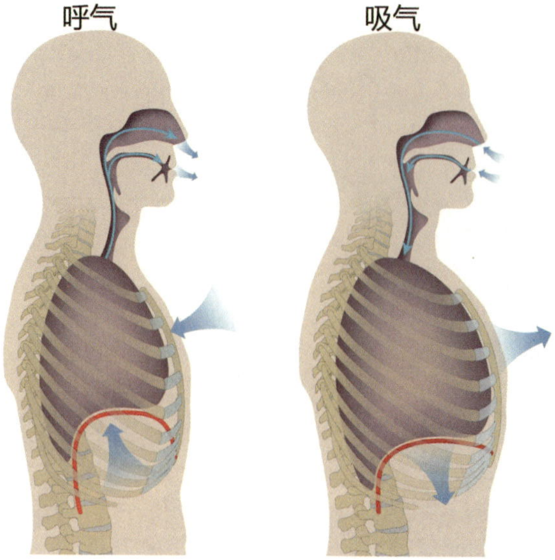

呼吸道是帮助肺泡与外界沟通的通道。肺泡是气体交换的主要场所，氧气从肺泡进入血液，二氧化碳则从血液进入肺泡。胸廓的节律性呼吸运动是实现肺通气的动力。

用力吸气再呼气，从肺内所能呼出的最大气量称作肺活量。肺活量有较大的个体差异，与身材、性别、年龄、呼吸肌强弱等有关。

肺活量是反映肺一次通气的最大能力，在一定程度上可作为肺通气功能的指标，但由于测定肺活量时不限制呼气的时间，所以不能充分反映通气功能的好坏。例如某些病人的肺组织弹性降低或呼吸道狭窄，通气功能已经受到损害，但是如果延长呼气时间，所测得的肺活量是正常的，而用时间肺活量的测定就能准确查出异常。

单位时间内进出肺的气体总量叫通气量，为了更好地测量通气量，通常设定测量时间为一分钟，计算每分钟进出肺的气体总量，称为每分通气量。

平静呼吸时，正常成年人的呼吸频率每分钟 12~18 次，每分通气量为 6~9 升。每分通气量和最大通气量一样，随性别、年龄、身材和活动量不同而有差异。劳动和运动时每分通气量增大。

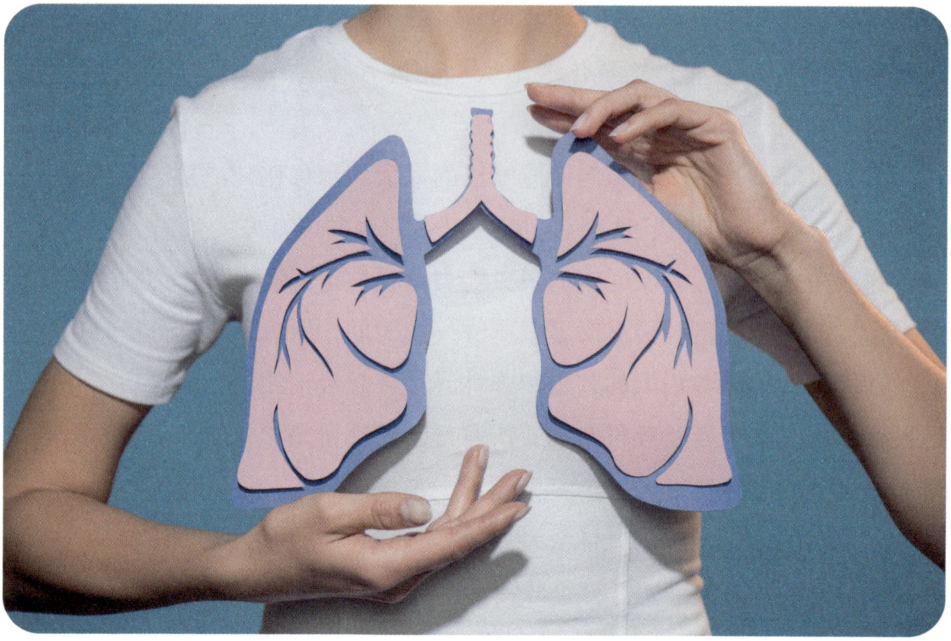

尽力做深快呼吸时，单位时间为所能吸入或呼出的最大气量为最大通气量，它是估计一个人能进行多大运动量的生理指标之一。

在我们呼吸的过程中，每次吸入的气体并不会全部进入肺泡参与气体交换，有一部分气体会留在呼吸道内。这部分留在呼吸道、不参与肺泡与血液之间气体交换的气体所在的空间，被称为解剖无效腔，其容积大约为150毫升。

进入肺泡内的气体也可能因为血流在肺内分布不均，而没能进入血液实现气体交换，未能发生气体交换的这一部分肺泡容量称为肺泡无效腔。肺泡无效腔与解剖无效腔一起合称生理无效腔。健康的人在平卧时的生理无效腔几乎和解剖无效腔相等。

肺的通气功能真是神奇。通过本章理论的学习，希望大家能够掌握肺和气管的结构、功能及其生理意义，理解肺通气的基本概念、原理及活动过程。

动手做一做

核对一下手中的材料：刻刀、剪刀、瓶子、Y 形气管模型、瓶塞、一个大气球、两个小气球。

取出瓶子，用刻刀将瓶底切掉，将 Y 形气管模型穿到瓶塞里，再将两个小气球分别套在气管分支上，将气管模型从瓶子内部由下往上推出瓶口，将大气球沿脖颈下端约 1 厘米处剪下，然后将气球下部套在瓶子的下口处，用手往后拉动气球膜，观察瓶内两只小气球的形状变化。

大家有什么发现呢？后拉时瓶内两小气球吸气胀大，相当于完成吸气运动。这是因为当我们拉动气球尾巴的时候，瓶子里的气压变小，外界的气压就把空气挤进瓶子里，瓶子里的气球就会鼓起来。

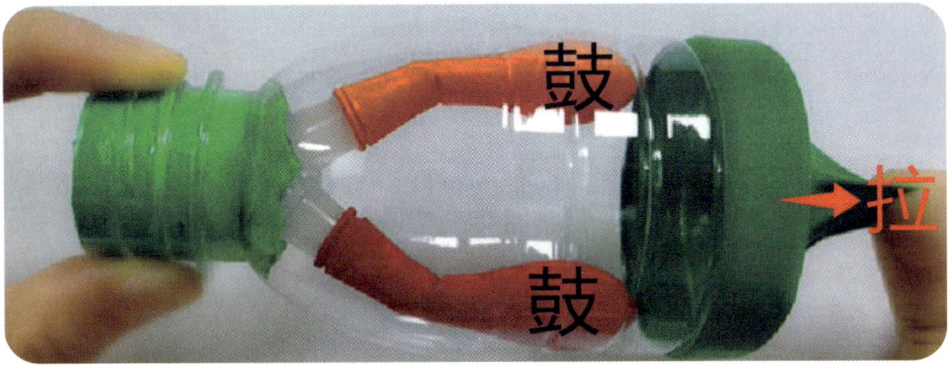

第3章

口腔奇境：牙齿和舌头的秘密任务

❶ 人体的奥秘：发声器

爸爸妈妈因为担心小朋友们蛀牙，所以不给吃糖，那蛀牙是怎么一回事？

我们来了解一下嘴巴吧！

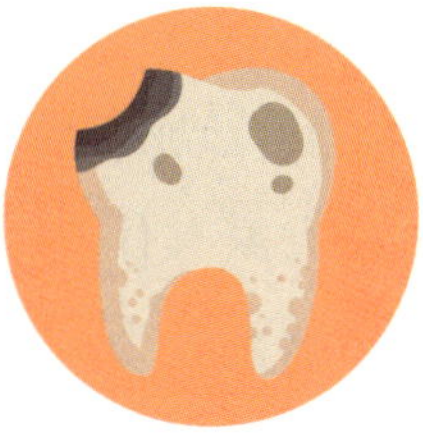

嘴是我们五官的一个重要组成部分，是脸部运动范围最大、最富有表情变化的部位。

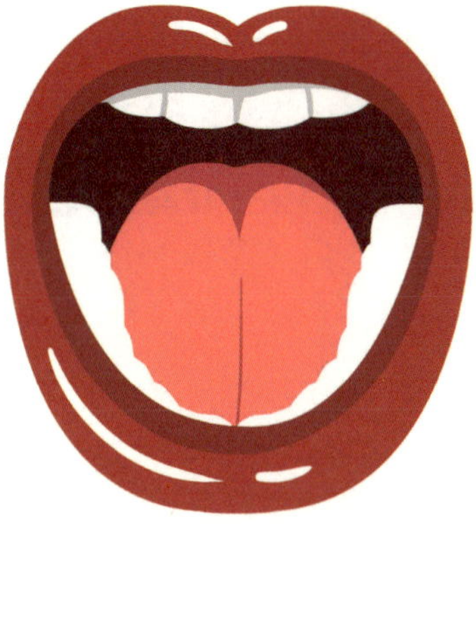

嘴巴是依附于上下颌骨及牙齿构成的半圆柱体，包括嘴唇、牙齿和舌头。

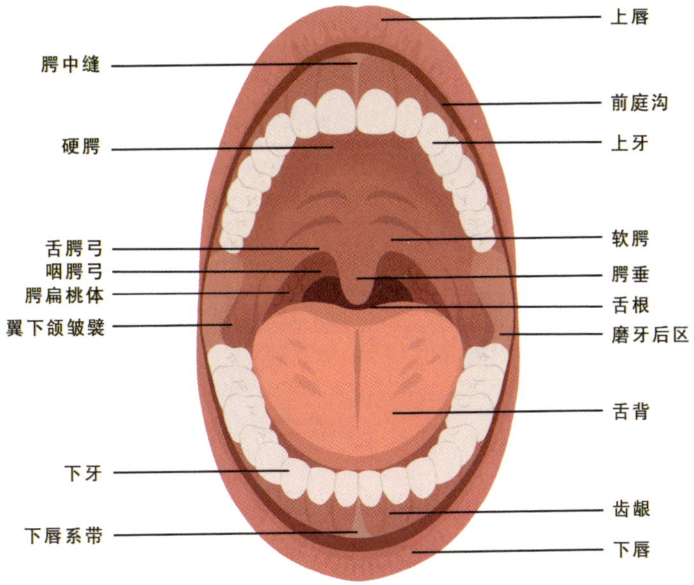

有了嘴巴，我们可以吃饭、喝水、发音共鸣，协助咀嚼、吞咽，并用于表达情感等。同时作为消化道的起点站，嘴巴肩负着开启人体消化之旅的责任。

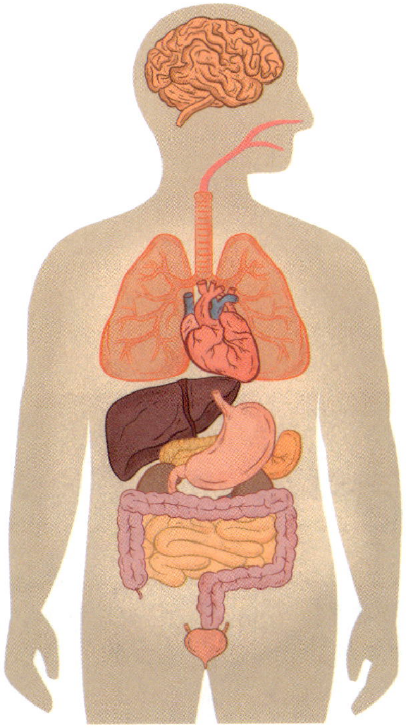

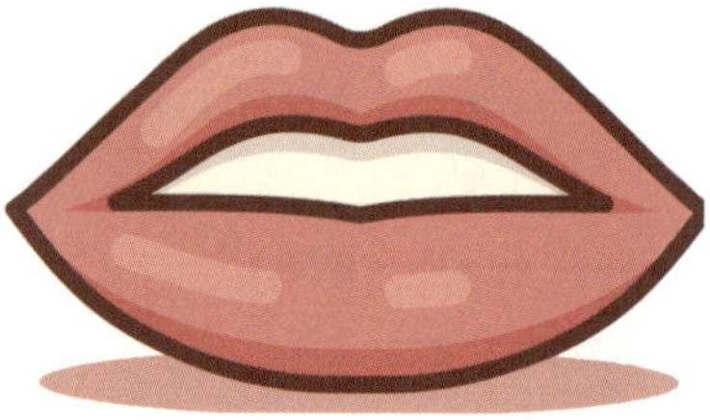

俗话说“病从口入”，这句话形象地告诉我们，嘴唇是我们接触外界的一道安全门。

嘴唇有着丰富的触觉能力，婴儿一开始认识世界，就是靠嘴唇进行触摸式的探索。

在消化系统中，嘴唇通过肌肉收缩形成密闭空间，配合舌头将食物推送至齿间研磨，同时分泌的唾液酶已悄然启动淀粉的分解。正是这种“双唇锁闭”的机制，有效防止了食物外溢，为后续吞咽动作奠定基础。

然而，嘴唇的脆弱性与其重要性形成鲜明对比。我们的嘴唇表皮黏膜非常薄，黑色素较少，所以对外在的刺激特别敏感。唇色泛白或皲裂时，这可能是身体发出的警报：青紫暗示循环障碍，苍白警示贫血风险。

❷ 人体的奥秘：品味师

有些小朋友不肯好好吃饭，就知道吃垃圾食品，这该怎么办呢？

其实垃圾食品真的是色香味俱全，可是为什么这么好吃的东西，爸爸妈妈就是不让小朋友们吃呢？

我们来聊一聊人体的“品味师”——舌头。

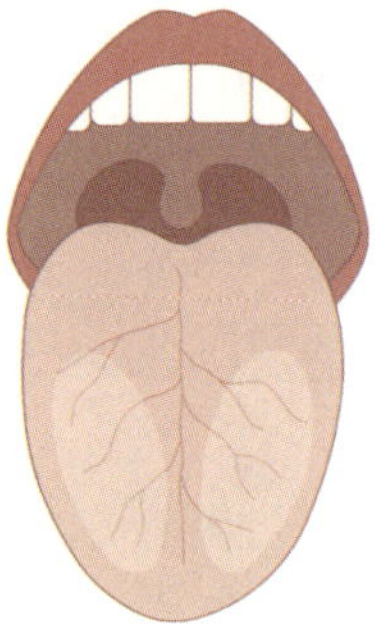

软软的舌头的主体是强大有力的肌肉，它可是我们进食时必不可缺的人体餐具，同时也是辅助我们发音的必备良友。

如果我们仔细看舌头的表面，会发现有一些密布的小结节，它们叫作舌乳头，其中具有味觉功能的就是我们常说的味蕾了，少了它我们就没有办法品尝各种各样的美食了。

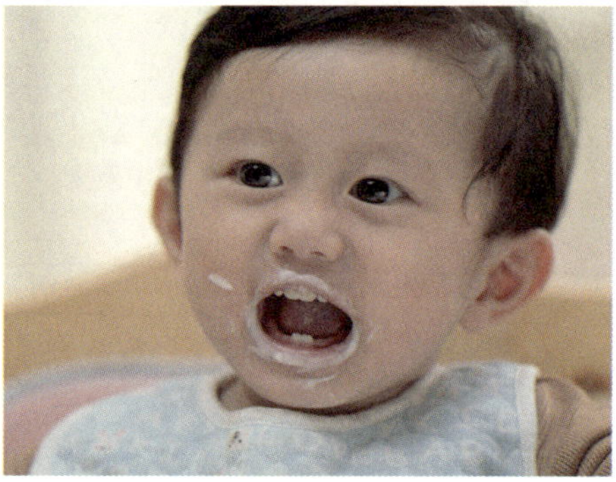

有人说舌头不同的区域各司其职，负责不同味道的感知，事实上舌头不会将味道按区域感知，感知每种味觉的味蕾是随机分布在舌体表面的。

舌头作为挑剔的“品味师”，对于口味是十分挑剔的。许多小朋友都对爸爸妈妈口中所谓的“垃圾食品”情有独钟。实际上，国家针对食品添加剂的使用剂量有着十分严格且细致的规定和把控。

在确保营养摄入全面且均衡的基础上，为了让小朋友们能享受到入口瞬间带来的愉悦味觉体验，适量食用一些品质优良的零食是完全可以的。不过，一定要控制食量，做到适量食用，切不可过度贪嘴。

有一些坏的商家并没有完全按照国家指定的标准，一些添加剂超标的食品也在市场上销售。我们要重视食品的安全，不贪吃垃圾食品，同时也要时刻保持警惕，尽量远离垃圾食品。

一个身体很健康的人，他的舌头会呈现粉红色，表面会覆盖一层薄白均匀的舌苔，它就像一层被子盖在了舌头的表面，它的成分有点复杂，脱落的上皮细胞、渗出的白细胞、食物残渣、细菌和唾液构成了这床“小被子”。

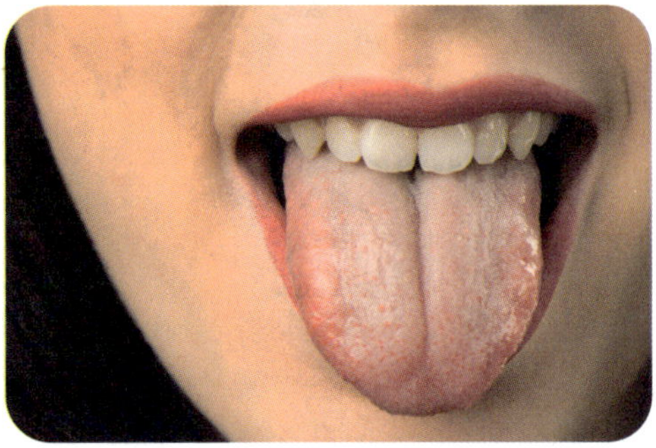

正常情况下，由于人体的新陈代谢，舌苔表面的陈旧上皮会渐渐脱落，而新生的上皮细胞则渐渐成熟。这种新老交替使舌苔处于平衡的状态。

那刷牙的时候有必要刷舌头吗？

当然有必要了，舌苔可是细菌们占领的一方沃土，上面生活着许多细菌，有一些是导致蛀牙、牙周炎等疾病的致病菌。不仅如此，舌苔中有一部分细菌会分解蛋白质，产生有臭味的含硫化合物，也就是俗话说的口臭。

如果刷牙的同时轻刷舌头，可以有效地去除一部分舌苔，尤其是掺杂其中的各种细菌，这样就可以有效减少口臭。值得注意的是，刷舌头的力量不能特别大，否则也会伤害到正常的上皮细胞。

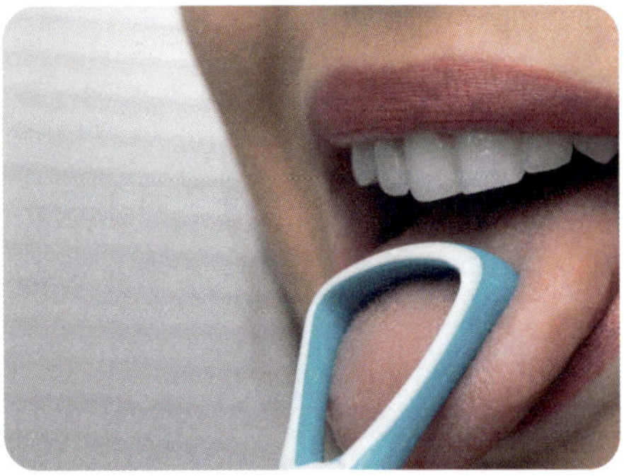

其实，可以买适合自己的刮舌板，有些牙刷刷毛的背面也会有橡胶质的刷舌区域，这些方法都比直接使用刷毛刷舌头更加安全有效。

那该如何正确地刷舌头？

第一，要把舌头吐出来，越长越好，因为舌苔往往藏在舌背后部，靠近咽部，所以如果不伸长舌头，就不能有效地去除舌苔。第二，要将刮舌板放在舌头靠后的位置，要刮到舌头的根部，但是这样会让我们产生想要呕吐的冲动。所以这个动作需在家长的协助下反复练习。

❸ 人体的奥秘：食物粉碎机

昨天晚上我掉了一颗小小的牙齿，妈妈说这是我掉的第一颗牙，要好好保存起来。牙齿怎么会自己掉了？

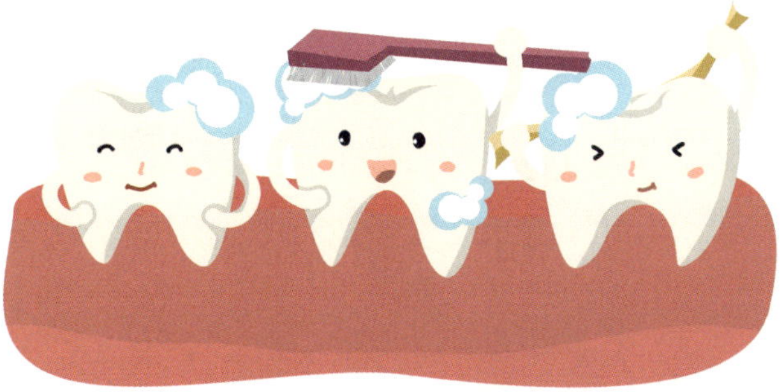

这是小朋友到了换牙的年纪，让我们一起来了解一下关于牙齿的那些事。

牙齿是嘴巴里具有一定形态的高度钙化组织，它可是人体中最坚硬的器官。

牙齿不就是一个白色的小方块吗？怎么会有组织？

牙齿可不只是我们表面上能看到的小方块，从上往下看，牙齿是由牙冠、牙颈和牙根组成的。从外往里看，牙齿外面是坚硬的牙釉质，中间是牙骨质，里面是牙本质。牙髓腔里面含有牙髓，牙髓里面包含着血管和神经。围绕在牙颈周围粉红色的物质就是牙周组织了，牙周组织包括牙龈、牙周膜、牙槽骨三部分。健康的牙周组织可以使我们的牙齿牢牢生长在口腔里。

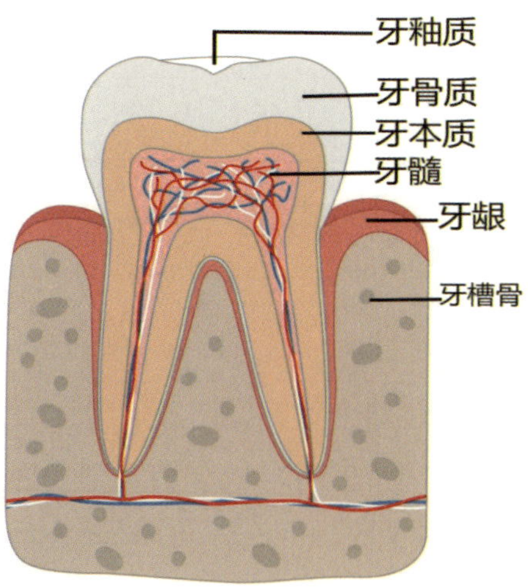

我们吃食物时首先要靠牙齿来粉碎食物，牙齿是具有一定形态的高度钙化组织，有粉碎、咀嚼、帮助发音和保持面部外貌的功能，是人体中最坚硬的器官。

我们一生中会经历两次长牙阶段。在出生后 6~9 个月左右，乳牙开始萌出，通常到幼儿时期一共会萌出 20 颗乳牙。到了 6~7 岁时，乳牙会逐渐脱落，与此同时，恒牙开始陆续萌出。恒牙一般有 32 颗，一旦恒牙因各种原因脱落，正常情况下就不会再次生长出新的牙齿了。

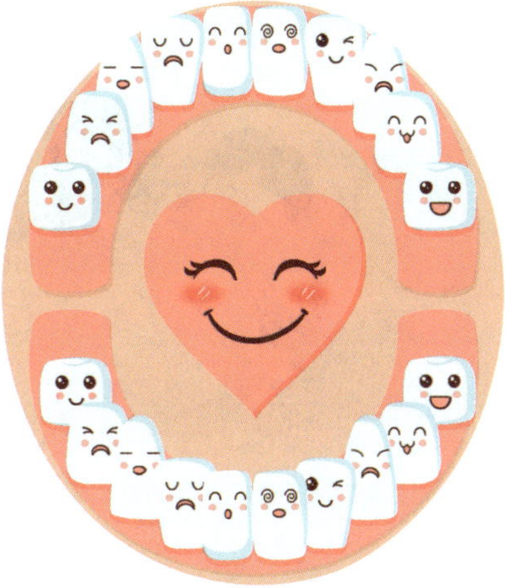

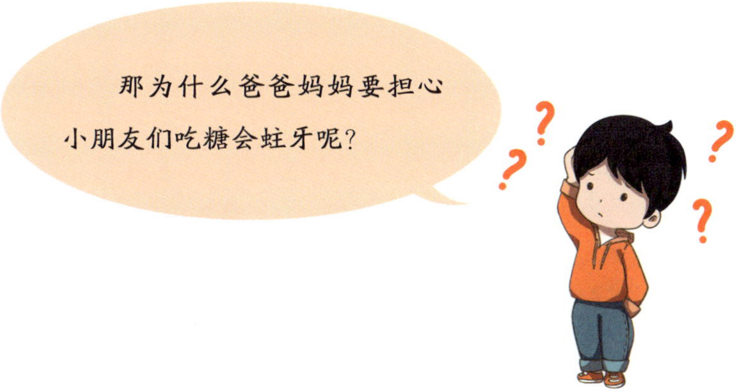

原来我们吃糖果的时候，牙齿表面的细菌会从糖分中汲取养料，把糖分分解为酸性物质，然后侵蚀我们的牙齿，这样牙齿就会被细菌蛀掉，也就是长了龋齿。龋齿不只是影响牙齿的美观程度，还会引起疼痛感。虽然糖果很好吃，但大家还是要少吃糖。

还有哪些伤害牙齿的食物呢？

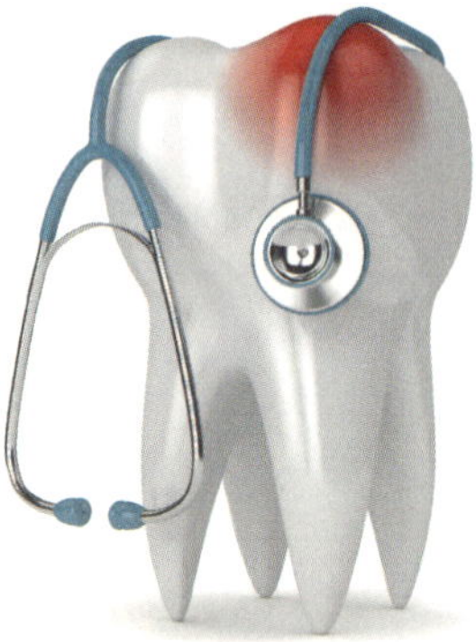

柑橘类水果虽然富含维生素 C，营养挺不错，但也会因为酸度太大，侵蚀牙齿表面的牙釉质。所以吃了柑橘类水果或者喝了果汁之后，要记得及时漱口和刷牙。

含糖饮料和糖果一样会伤害牙齿，而碳酸饮料对牙齿造成的伤害更大。虽然现在有很多碳酸饮料都主打无糖，但无糖的碳酸饮料依然富含碳酸和磷酸，这两种酸才是伤害牙齿牙釉质的罪魁祸首。

饼干富含的碳水化合物，会在口腔中迅速转化为糖分，牙齿上的有害细菌，这个时候就会很高兴，它们又可以饱餐一顿了。饼干在口腔中很容易化成黏稠的渣渣，这些渣渣会藏在牙缝中，成为有害细菌们的储备粮。

那有什么对牙齿好的食物呢？

虽然说吃糖果会蛀牙，但是无糖口香糖却是保护牙齿的好伙伴。我们在咀嚼口香糖时，口腔内就会分泌大量的唾液，洗刷掉牙齿表面的有害酸性物质，并且唾液具有再矿化作用，为牙齿提供所需的钙和磷。

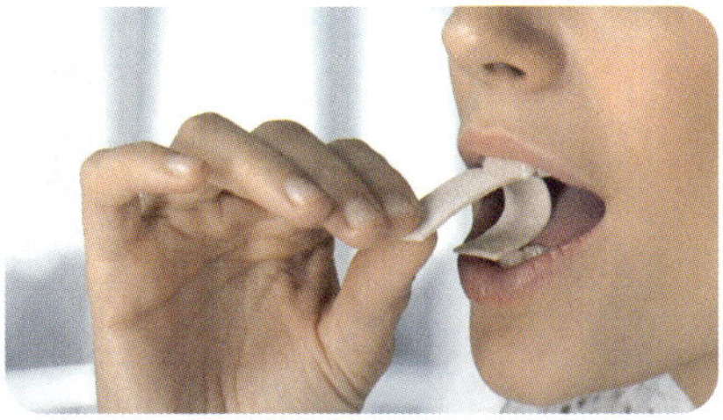

原来木糖醇可以抑制细菌的生长，从而保护我们的牙釉质。

摄入高纤维食物对牙齿也是有益处的，我们在吃这些食物时要长时间地咀嚼，这样会诱发唾液的分泌。牙齿在这个时候不仅仅受到了唾液的冲洗，还得到了食物纤维的擦洗，就会变得更加干净。

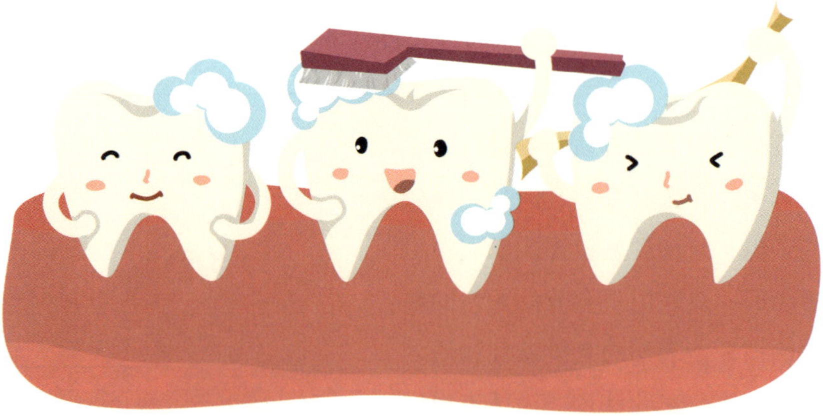

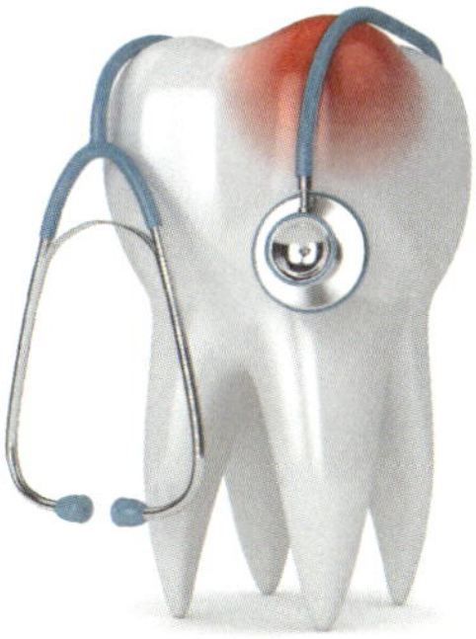

其实，不只是小朋友们需要注意长蛀牙的问题，人的一生都有可能长蛀牙。

看样子是不能多吃糖果了，蛀牙与糖紧密相关。

进一步理解，我们俗称的蛀牙或者虫牙，本质上是一种古老的疾病——龋病。而在我国关于龋病的记载，最早能追溯到 3000 年前的殷墟甲骨文中。在 20 世纪初，一些西方国家的患病率几乎达到了人口的 90% 以上，这与当时人们普遍的高糖饮食习惯有关，所以那个时候的龋病又被称为现代文明病。

随着经济的现代化，饮食和文化呈现出精细化和西方化的趋势，这使得人们过多摄入糖分，再加上不良的口腔卫生习惯，最终导致了龋病的高发。此外，年龄也是影响龋病发病的一个重要因素，主要与牙齿的发育、萌出过程、根面暴露情况以及随年龄增长而变化的口腔环境有关。

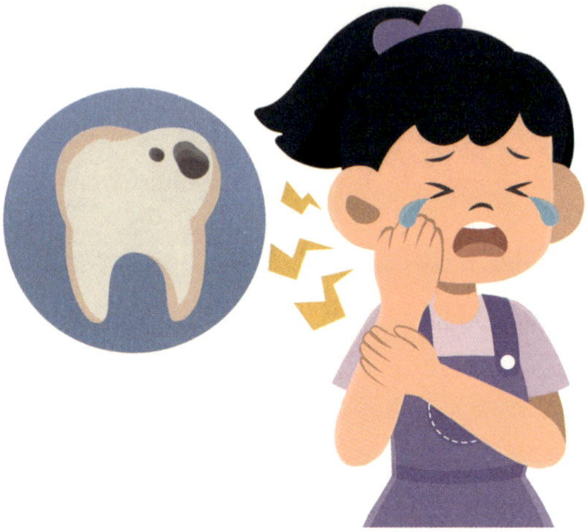

6~12 岁的儿童是龋病高发人群，而中年以后则可能迎来中老年颌面龋的发病高峰期。

龋齿在早期阶段经常不被注意，最初只是一些轻微的症状，比如遇冷遇热会出现牙齿敏感等。当牙齿开始持续或者自发地疼痛的时候，感染就已经波及牙髓了。而且龋齿的危害不仅局限在受损的牙齿本身，治疗不及时或不恰当也会导致一系列其他病症。若是牙齿严重感染，甚至还会危及生命。龋齿得不到治疗，最终的结果必然是牙齿的丧失，

所以爱护牙齿是非常重要的。

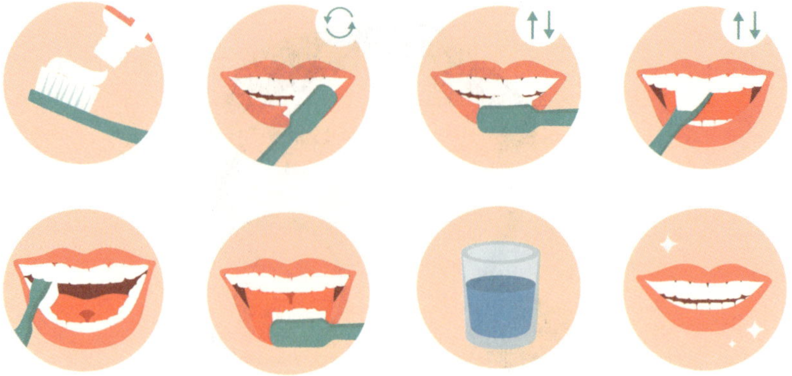

巴氏刷牙法

我们可以采用巴氏刷牙法来刷牙。第一，刷毛 45 度朝向牙龈和牙齿交界处，轻轻用力；第二，保持小幅度水平颤动；第三，刷到每个牙齿的各个可以刷到的面。

除了刷牙，小朋友们还可以和爸爸妈妈学习使用牙线清洁牙齿。

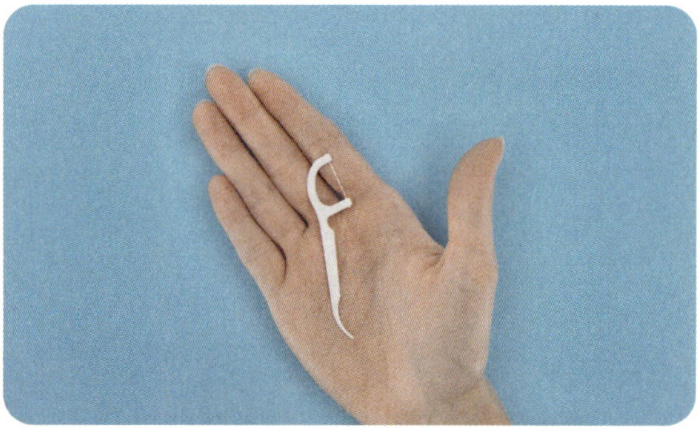

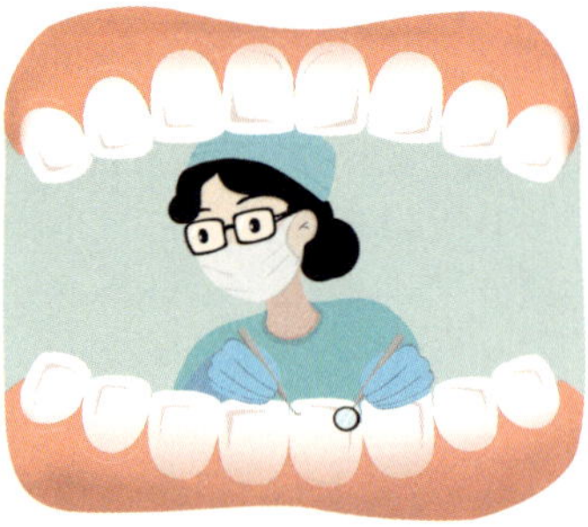

另外，当我们的两颗恒磨牙的牙冠完全长出以后，应该在爸爸妈妈的带领下去口腔科医生那里做窝沟封闭，预防蛀牙。

我每天认真刷牙，也没有感觉牙齿出问题，为什么还要洗牙呢？

洗牙其实是一种非常重要的预防、检查以及治疗初期口腔疾病的手段，医学上称之为龈上洁治术。

之所以在每天刷牙的基础上还要洗牙，是因为刷牙只能去除牙齿表面和牙龈处的食物残留，而牙缝和牙龈沟处藏匿的食物残渣并不能被彻底清洁，就会使得细菌的生长如鱼得水。

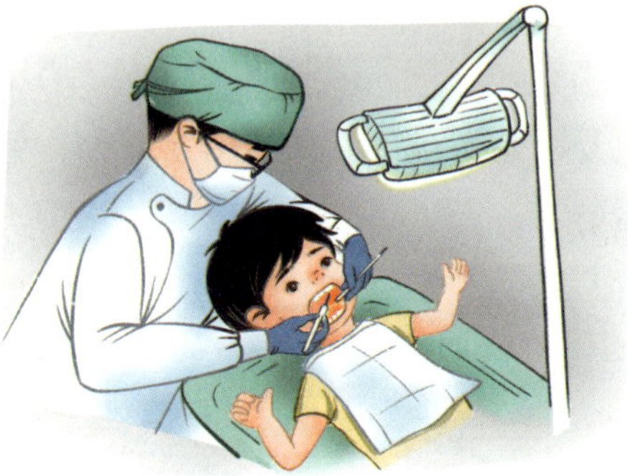

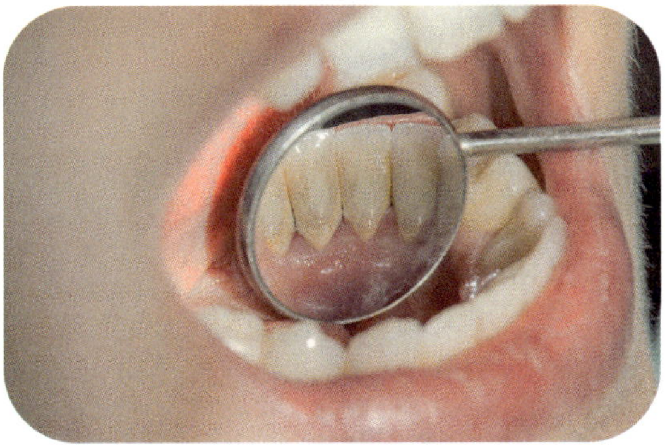

牙结石如果没有得到及时的清理，不仅会直接导致牙龈炎、牙周病，还增加了维护口腔卫生的难度，更有甚者可能会对我们全身的健康状况产生不良影响。

洗牙可以说是给口腔做了一次专业级的大扫除，它既能高效清除菌斑、牙结石，维持牙龈健康，阻止牙周炎进展，减少牙槽骨的吸收，也能使牙缝更易清洁。虽然洗牙有诸多好处，但也不能太过频繁，一年或两年洗一次牙就够了。

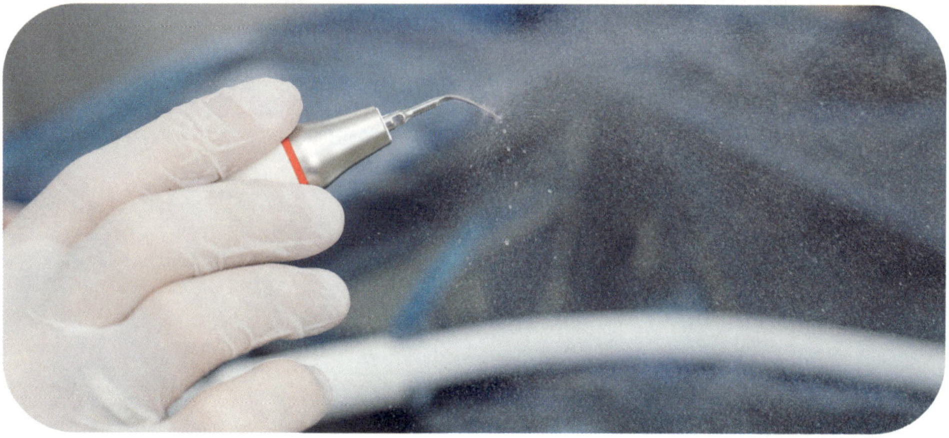

关于牙齿我们就了解到这里。

通过本章理论的学习，希望大家能够掌握口腔的主要结构、功能、特点以及保护口腔的方法。

实验小链接

我们这次要完成的人体实验叫作“有味道的木头”。

准备一根医用压舌板，用这根压舌板轻压舌头的不同部位：舌尖、舌两侧、舌后部。根据触碰的位置，看看这根压舌板会不会带上酸、甜、苦、咸这四种基本味道中的任意一种呢？

大家知道其中的奥秘吗？

味觉感受器位于舌头上，被称为味蕾的隆起部位，不同的味蕾负责感受不同的基本味道。

尽管舌头的各个部位都分布着 4 种基本味道的味蕾，但是舌尖分布着更多的甜味感受器，舌两侧分布着更多的酸味感受器，舌后部分布着更多的苦味感受器，而咸味感受器的分布相对来说更均匀。更神奇的是，即便是一个没有任何味道的物体，它的机械刺激也能够使得味觉感受器产生冲动，使它似乎也有了味道。而且在不同的人身上做这个实验得到的结果各不相同，这可能是因为不同人的味觉敏感度不同。

第4章

血液快线：血液的神奇世界

❶ 人体的奥秘：血液的组成

有小朋友走路时不小心摔了一跤，膝盖被擦破了，然后膝盖上流出了红红的液体，这些红红的液体是什么呀？

那些红色的液体叫作血液，是人体中很重要的东西，我们来聊一聊血液的组成吧！

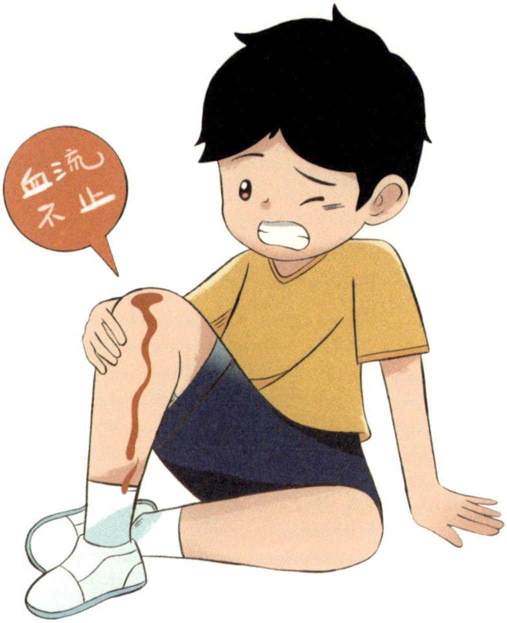

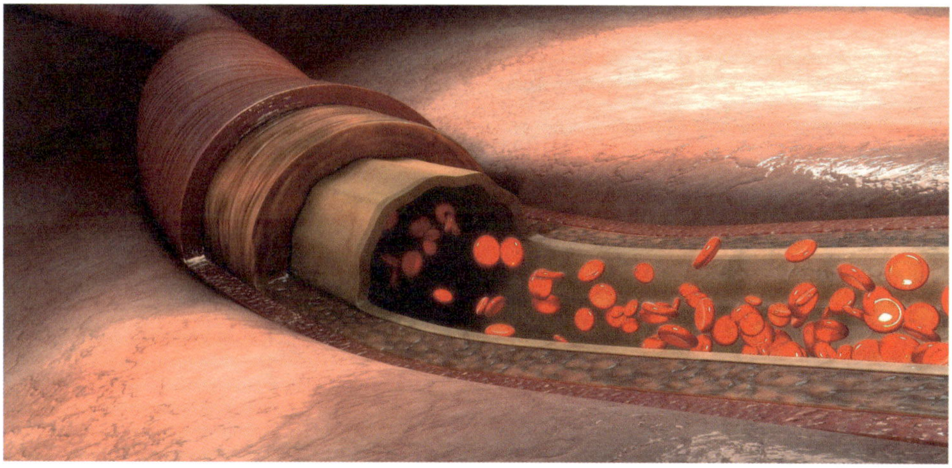

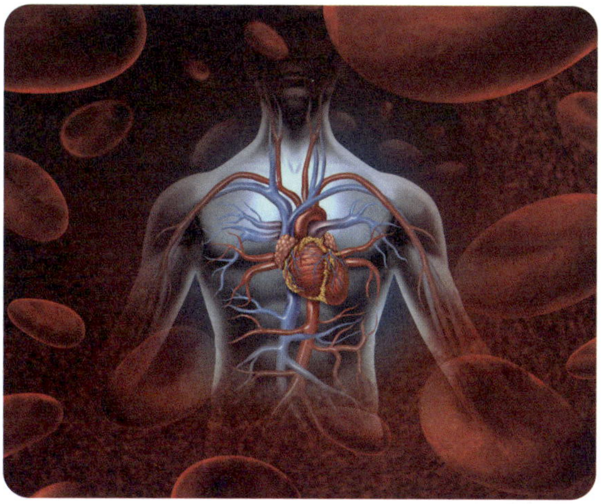

血液是流动在我们心血管中的一种红色不透明的黏稠液体，由血浆、血细胞及一些遗传物质构成。

血液是一种特殊的结缔组织，约占体重的 1/13。血液由血浆和血细胞组成。血浆是血液的液体成分，其中含有多种物质。血细胞则包括红细胞、白细胞和血小板。

血浆相当于结缔组织的细胞间质，细胞间质是存在于细胞之间的物质，主要起着连接和支持细胞的作用。血浆是血液中的液体成分，它为血细胞提供了悬浮的介质，并负责运输营养、代谢废物、激素、抗体等多种物质。

血浆主要由水分（约 900~910 克 / 升）、蛋白质（65~85 克 / 升，包括纤维蛋白原、白蛋白和球蛋白等）和低分子物质（约 20 克 / 升，如激素）组成。去除纤维蛋白原和某些凝血因子后的血浆称为血清，这是一种浅黄色、半透明的液体，常用于多种疾病的治疗，例如被毒蛇咬伤时可以注射抗蛇毒血清以中和毒素。

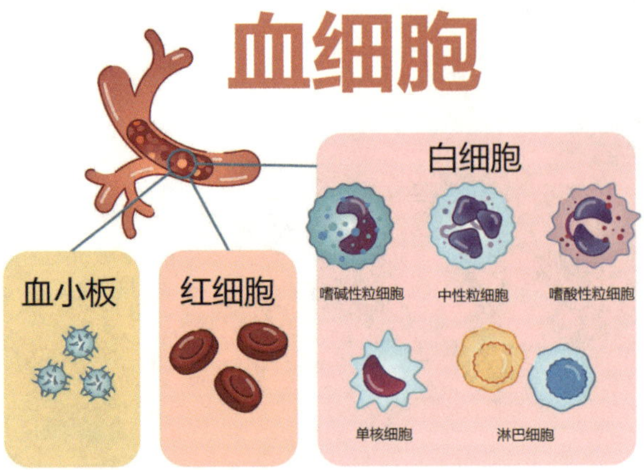

那血细胞又是什么呢？血细胞是血液中很重要的部分，分为红细胞、白细胞、血小板。其中，红细胞、大部分白细胞以及血小板是由骨髓产生的，还有一部分白细胞是由淋巴结和脾脏产生的。

红细胞在血细胞中含量最多，新鲜的单个红细胞是黄绿色，但是许多红细胞连在一起就会使血液呈现猩红色。

小朋友们，知道人的细胞的基本结构是什么吗？

一般而言，细胞的基本结构是细胞膜、细胞质和细胞核。不过红细胞是个例外，红细胞是没有细胞核的，只有细胞膜和细胞质，细胞质中也没有线粒体等细胞器，只有血红蛋白。它外表呈双凹圆盘状，像个两面都凹陷的盘子。

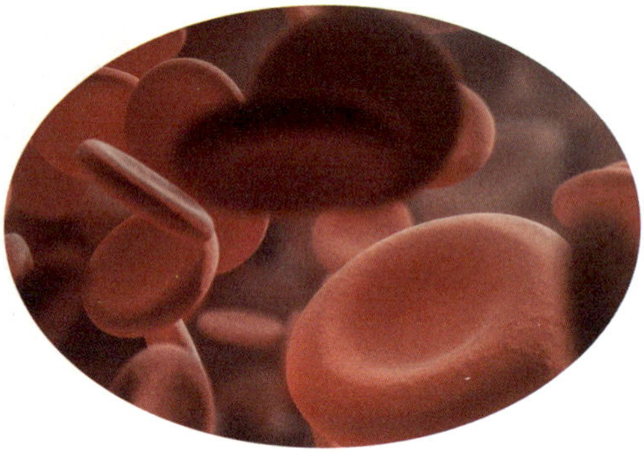

血红蛋白里含有铁元素，所以如果不小心尝到血液，就会感觉到有一股铁锈味。血红蛋白和呼吸有关，所以红细胞的主要功能就是运进氧气，运出二氧化碳，是呼吸过程中气体交换的关键环节。血红蛋白的存在使得红细胞成为体内气体运输的主要载体。

红细胞的寿命约为 120 天，当它衰老后就被巨噬细胞吞噬，再由红骨髓释放新生的红细胞。

白细胞是无色、有细胞核的球形细胞，体积比红细胞大，能够在细胞间运动。白细胞又分为中性粒细胞、嗜酸性粒细胞、嗜碱性粒细胞、单核巨噬细胞和淋巴细胞，它们共同组成免疫系统，破坏、移除年老或异常的细胞，攻击病原体和外来物。

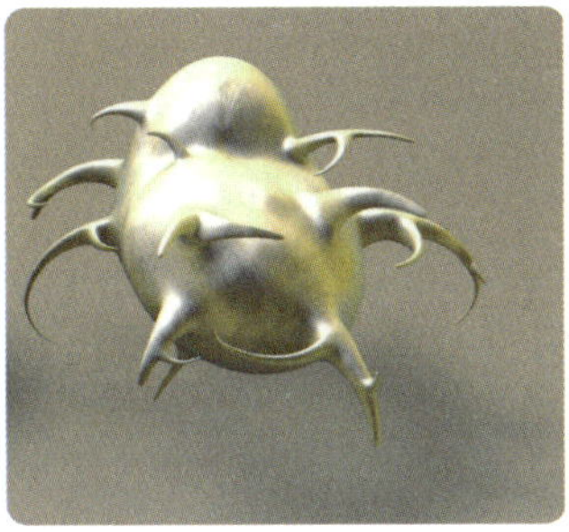

血小板是哺乳动物血液中特有的成分，它有质膜，在止血、伤口愈合、炎症反应等生理过程中有着很重要的作用。

血液还有很多其他作用，红细胞除了运输氧气外，还能运输营养给其他细胞，例如葡萄糖、氨基酸、脂肪酸等。血液还能带走废物，其他细胞代谢产生的二氧化碳、尿酸和乳酸等都会从细胞内送到血液中，再由血液带走排出。

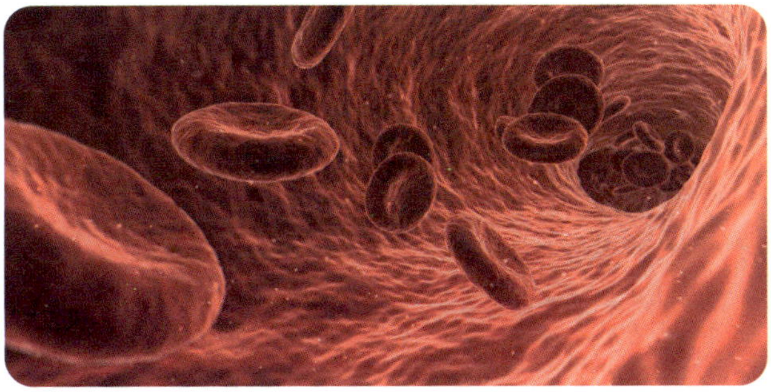

因为血液中含有大量水分，因此能调节体温。当人在代谢过程中产生大量热量时，这些热量就会被血液中的水吸收，从而避免体温显著升高，维持体温在相对稳定的水平。鉴于血液有这么多重要的生理作用，一旦血液总量减少或所含的血细胞发生异常改变，都可能引起严重后果。

献血的知识有哪些？

虽然人的血液总量是相对恒定的，但是在一定范围内的变动是经常发生的，属于正常的生理现象。

健康的成年人全身血量约占体重的 7%~8%，即每千克体重约有 70~80 毫升血液。一次失血不超过血液总量的 10%，在机体的调节下，血压仍可以维持正常。损失的血细胞由骨髓等造血器官加速生成，因此正常成年人一次献血 200~400 毫升不会对健康造成显著影响。

献血前要注意吃得清淡一些，同时要保持充足的睡眠。献血后要休息一天，并适当增加营养。如果身体不适，如患有感冒、腹泻等以及妇女月经期是不可以献血的。

原来血液的知识有这么多呀，小朋友们要好好爱护身体。

❷ 人体的奥秘：小小治疗师

如果你不小心摔了一跤，手上擦破皮，流了不少血，不用担心，因为破皮了以后，只要过一段时间，它就会自己恢复成以前的样子。这是为什么呢？

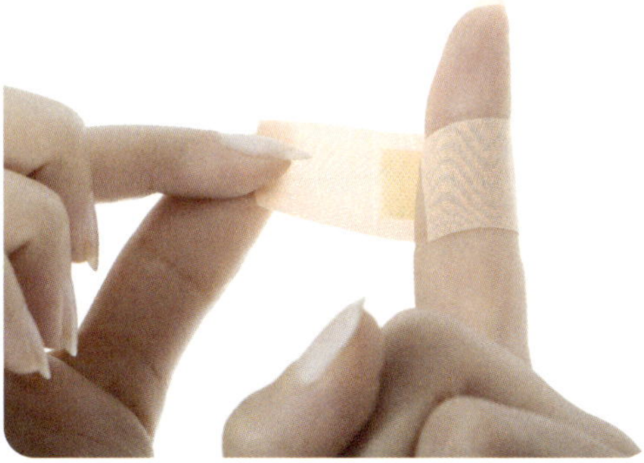

这其实是血小板的努力，也是它帮助我们愈合了伤口。

那我们来讲讲小小治疗师——血小板。

血小板为圆盘形，直径为 2~4 微米到 7~8 微米不等，且个体差异很大。它会因为运动而变形，故用常规显微镜观察其表现为多样的形态。

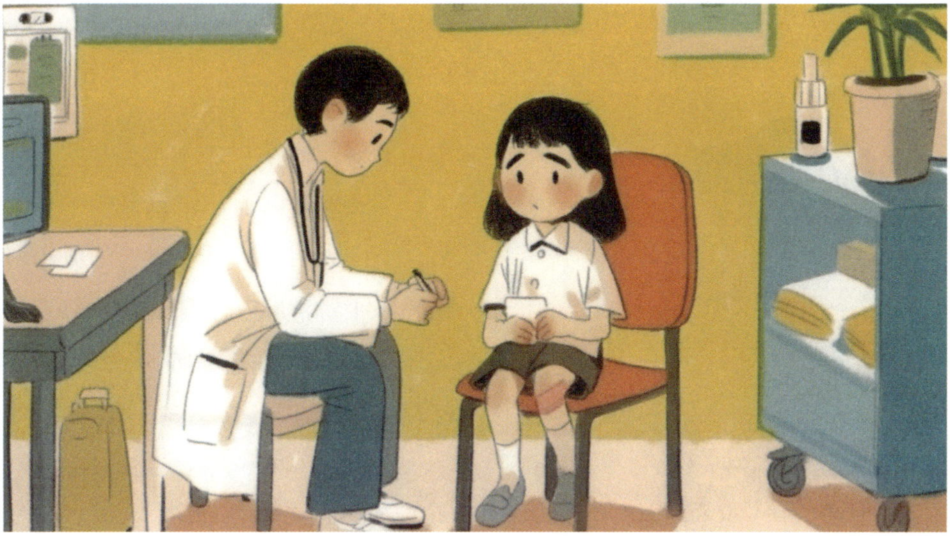

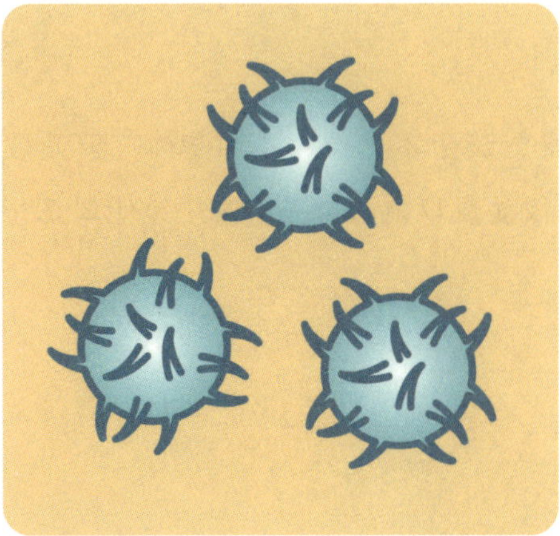

血小板由外向内为三层结构，由外膜、单元膜及膜下微丝结构组成的外围为第一层。第二层为凝胶层，电子显微镜下可见到与周围平行的微丝及微管构造。第三层为微器官层，有线粒体、致密小体、残核等结构，这是血小板的外在形态。

从它的来源来讲，血小板是从骨髓成熟的巨核细胞胞浆裂解脱落下来的小块胞质，巨核细胞虽然在骨髓的造血细胞中为数最少，仅占骨髓有核细胞总数的0.05%，但其产生的血小板却对机体的止血功能极为重要。

当血管受到创伤时，血小板在生理止血过程中的功能活动可以分为两个阶段：第一阶段，血小板迅速黏附到创伤处，并聚集成团，形成较松软的止血栓子；第二阶段，血小板促进血液凝固，形成坚实的止血栓子。

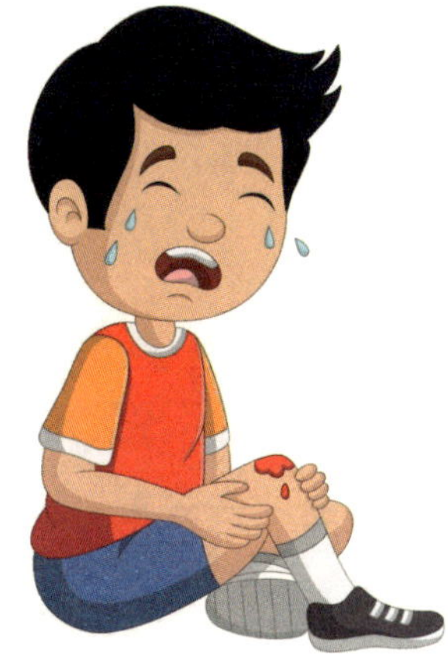

血小板的寿命通常在7—14天左右，在此期间，每天大约会有血小板总量的十分之一进行更新。随着时间推移，衰老的血小板大多会在脾脏中被清除。正因如此，每天参与维持人体正常生理功能的血小板群体，在组成上都存在一定差异。

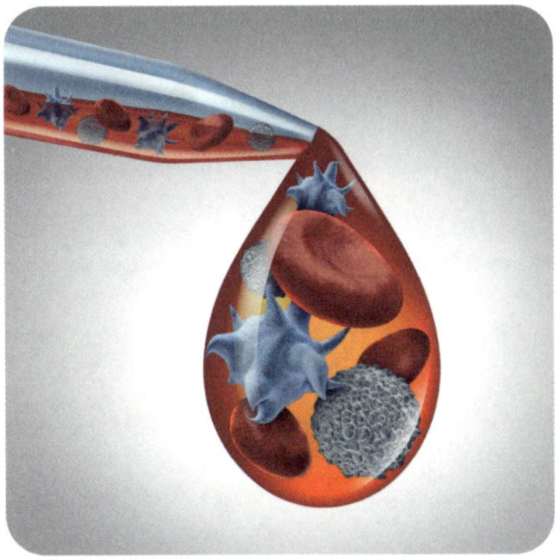

不仅如此，在不同状态下血小板的数量也是不一样的，血小板计数的概念是指计数单位容积血液中血小板的数量，正常值为（100~300）×10^9/升。血小板减少会引起出血时间延长，严重损伤或在应激状态下可发生出血。

当血小板计数大于 400×10^9/升时，即为血小板增多。原发性血小板增多，常见于骨髓增生性疾病，如慢性粒细胞白血病、真性红细胞增多症、原发性血小板增多症等。

血小板增多症常见于急慢性炎症、缺铁性贫血及癌症患者，脾切除术后血小板也会有明显升高，但这些通过治疗都会逐渐下降到正常范围。

当血小板计数小于 100×10^9/升时，即为血小板减少，常见于血小板生成障碍，如再生障碍性贫血、急性白血病、急性放射病等。

血小板具体有哪些功能？

第一，收缩血管：血小板释放血管收缩物质，收缩受损血管，辅助暂时止血。

第二，形成止血栓：血小板易黏附、沉积在受损血管暴露的胶原纤维上，聚集成团形成止血栓，堵塞血管破裂口，同时维护血管壁完整性。

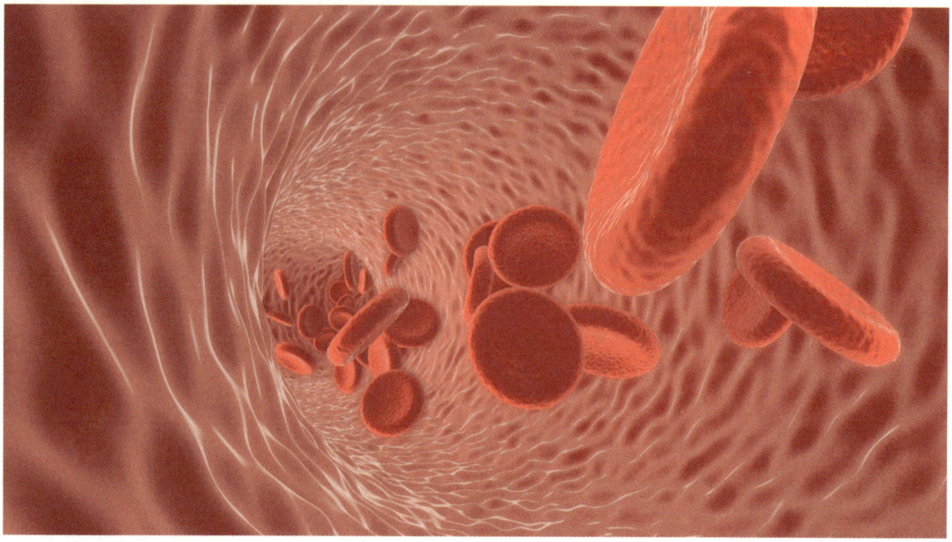

第三，加速凝血：血小板释放促进血液凝固的物质，加速在血管破裂处形成凝血块。

第四，营养支持内皮：对毛细血管内皮起到营养和支持作用。

第五，促进循环：血小板是血液中体积最小的血细胞，约 2/3 在末梢血循环，1/3 在脾脏，两者间相互交换。

这就涉及血型问题了。

③ 人体的奥秘：红色的液体

有这么一条新闻，是关于救治一个罕见“熊猫血”的病人的事件，那什么是“熊猫血”呀？

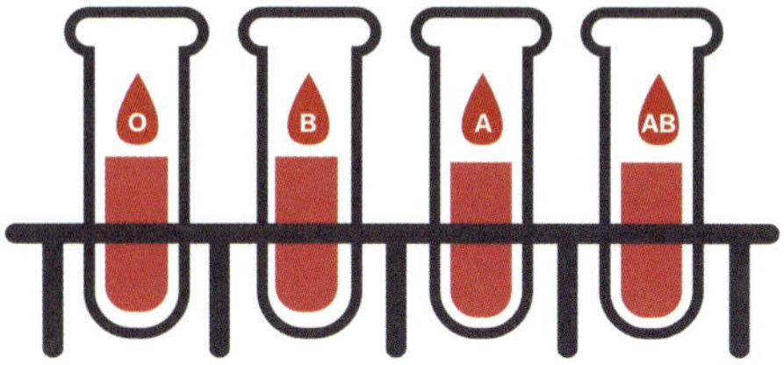

血型指的是血液成分表面所呈现出的抗原类型，这些血液成分涵盖了红细胞、白细胞以及血小板。

通常所说的血型，是指红细胞膜上特异性抗原类型，大致分为 ABO 血型系统及 Rh 血型系统。

ABO 血型系统是根据红细胞膜上是否存在抗原 A 与抗原 B，而将血液分成 4 种血型，也就是我们平时最为熟悉的 A 型、B 型、AB 型和 O 型血。

红细胞上仅有抗原 A 为 A 型，只有抗原 B 为 B 型，若同时存在抗原 A 和抗原 B 则为 AB 型，这两种抗原都没有的为 O 型。看起来很好区分。

不同血型的人血清中含有不同的抗体，但不含有对抗自身红细胞抗原的抗体，如在 A 型血的血清中只含有抗原 B 抗体。

我国各族人民中 A 型、B 型及 O 型血各占约 30%，AB 型仅占 10% 左右。另一种 Rh 血型系统，是人的红细胞上具有与恒河猴同样的抗原，称为 Rh 阳性血型，不含有此种抗原则称为 Rh 阴性血型。

在我国汉族和大部分少数民族的人民中，Rh 阳性血型约占 99%，Rh 阴性血型的人仅占 1% 左右。

说了这么多种类型，“熊猫血”到底属于哪一类呢？

“熊猫血”其实就是 Rh 阴性血的俗称，而之所以用 Rh 来表示，因为恒河猴的英文单词（Rhesus macaque）的前两个字母是 Rh。

从之前讲的不难看出，“熊猫血”是一种极为稀有的血型，这也直接导致了血型是“熊猫血”的人，一旦遇到手术等需要输血的情况都变得极其困难。同时稀有血型者的不断流动也造成了血液采集的困难，一些原先在血液中心资料库中登记备案的稀有血型者在变动住址或联系方式后，仍然会跟血液中心保持联系，但部分稀有血型者在一段时间后就很难联系上。

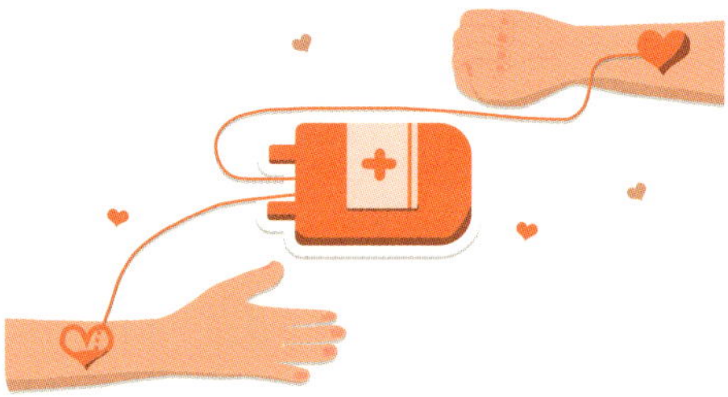

由于稀有血型血源供给难以得到保证，一些地方的稀有血型者建立了稀有血型之家和稀有血型联盟之类的公益组织，倡导稀有血型者互帮互助。

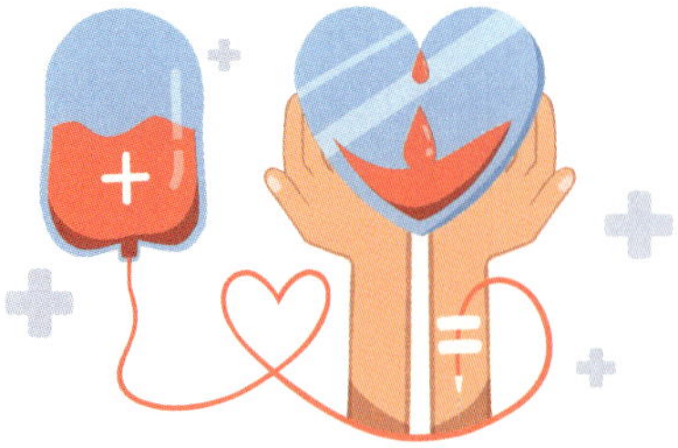

稀有血型者虽然所占比例不大，但也是一个不容忽视的群体。中国每年都会有上万例稀有血型的孕产妇。与此同时，稀有血型血液成本虽略高（特殊检测与储存），但定价应遵循成本补偿原则，保证合理的价格。

如果现在想要贡献自己的一份力量，我可以把自己的血给那些稀有血型者用吗？

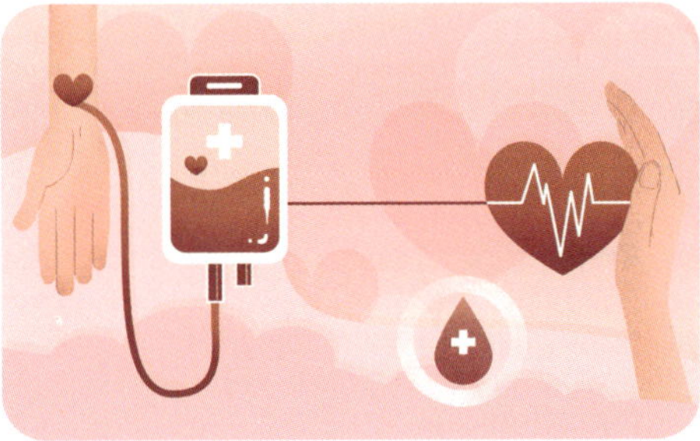

想要贡献自己的血液帮助他人的爱心，值得我们大家学习，但是输血可不能这么简简单单地输。输血应以输同型血为首要原则。因此，若想通过献血帮助他人，务必遵循同型血原则。

狭义的输血是指输注全血，广义的输血是包括全血在内的，由血液制备的各种有形或无形成分的输注，严格来说移植造血干细胞、骨髓或外周血也算是一种特殊的输血。

全血是由静脉采集的血液与一定量抗凝保存液混合的血液，存放在原始容器内，2℃ ~6℃储存，主要成分是红细胞（约占 40%~50%）和血浆（约占 50%~60%）。

全血通常是献血屋和献血车中最常采集的献血类型。它可以改善携氧能力和维持渗透压，但血小板、粒细胞很少，凝血因子浓度也低。

而与之相对的成分血，其实就是将血液中的各种成分分开了，成分血包括：①由全血分离的血液成分，如浓缩红细胞、红细胞悬液、血浆、浓缩血小板；②由单采采集的血浆或血小板；③由新鲜冰冻血浆制备的低温沉淀物，富含凝血因子Ⅷ和纤维蛋白原。不同的血液成分可以更精确地用于各项临床治疗。

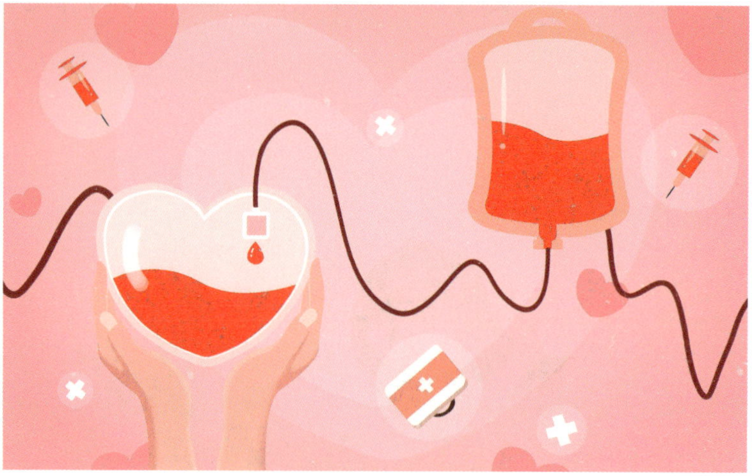

血液这么重要，成年以后有机会一定去献血。

关于血型与输血，我们就了解到这里。

通过本章理论的学习，希望大家能够掌握血液的组成成分、功能，掌握血小板的形态、功能、生理意义，掌握 ABO 血型和 Rh 血型。

动手做一做

核对一下手中的材料：手电筒、镜子、放大镜。

第一，把手电筒的光对着镜子，通过镜子看你舌头的下面，你观察到什么？

第二，把眼睛下方的皮肤朝下拉，通过镜子仔细观察。

第三，分辨线条的大小和颜色，其中粗的蓝色线条是静脉，粗的粉色线条是动脉，细的线条是毛细血管。

第四，用放大镜仔细观察这些线条。

大家知道其中的奥秘吗？

血液从心脏出发，通过动脉输送到全身，再通过毛细血管进行物质交换，最后通过静脉返回心脏。动脉壁厚且有弹性，毛细血管细小且由单层内皮细胞构成，静脉壁较薄并含有瓣膜。

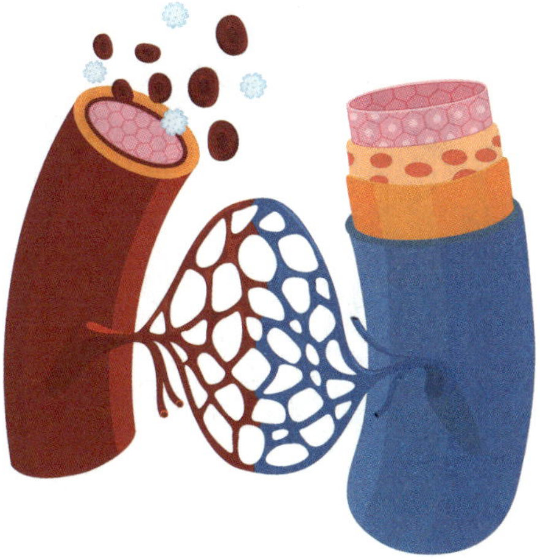

第5章

感官总动员：五感的奇妙世界

❶ 人体的奥秘：感知世界的方式

我们在看一样东西的时候，总是会说感觉怎么样，那到底什么是感觉呢？

感觉其实是我们对世界的体验方式，它是五感的总称，细分为视觉、嗅觉、味觉、听觉、触觉。

五感分别具体是怎样的一种感受呢？

第一，视觉。视觉是人类与动物最重要的感觉，透过视觉我们可以感知外界事物的大小、颜色、动静等等。

我们是通过眼睛产生视觉的。我们的眼睛有一套自己的“工作流水线”。光会作用于我们的视觉器官，我们的眼接收到信号，感觉细胞兴奋了起来，光的信息随之来到了管理视觉的神经“工厂”进行加工，从而产生了视觉。外界信息的 80% 及以上都是通过视觉获得的。

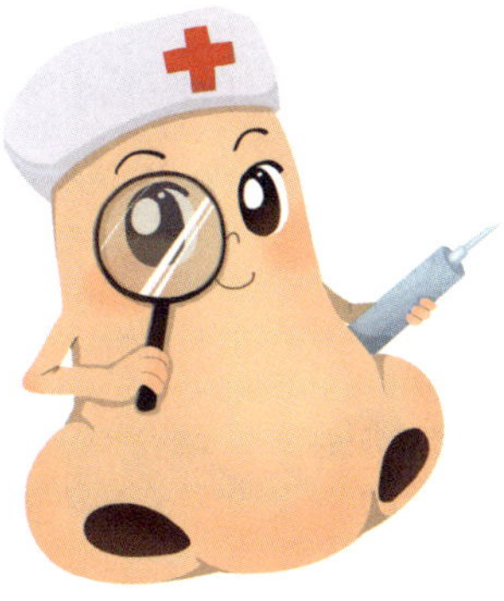

第二，嗅觉。与嗅觉直接挂钩的器官就是我们的“空气加湿器”——鼻子。某些气体分子随着空气来到了鼻腔，与鼻腔黏膜接触，刺激到了两大神经工厂——嗅神经系统和鼻三叉神经系统。在两大工厂的共同努力下，我们也就产生了嗅觉。

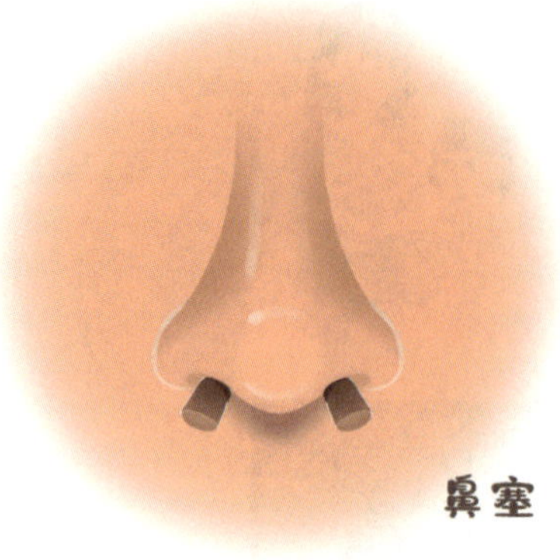

为什么感冒的时候会闻不到味道呢?

因为感冒有一个症状叫作鼻塞，就是鼻子里分泌物增多，导致气体进出受到了阻碍，鼻子就不通气了。

鼻子与嗅觉息息相关，所以感冒鼻塞时很容易发生嗅觉失灵的现象，只要感冒症状减轻，嗅觉就又能恢复了。

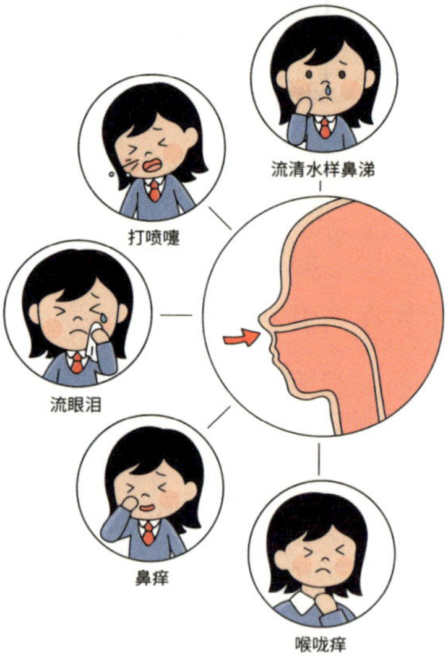

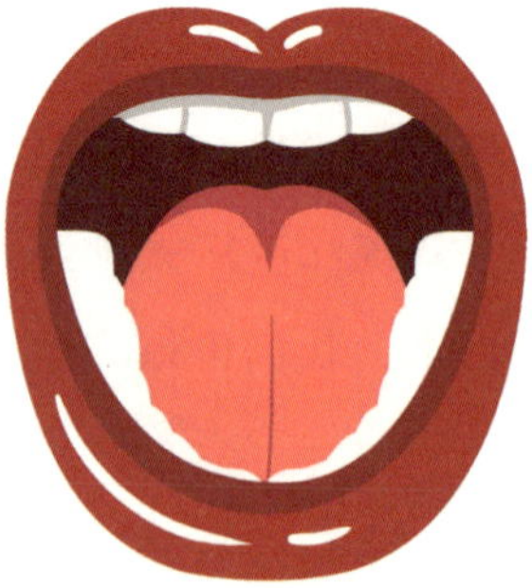

第三，味觉。食物进入人的口腔后，刺激了我们的味觉器官，也就是被称为“人体品味师”的舌头，从而产生了味觉。而真正的味觉感受器是舌头上的味蕾，它具有感受酸、甜、苦、咸等味觉的功能。

其实，不同的味觉对人的生命活动起着信号的作用。甜味是需要补充热量的信号，酸味是新陈代谢加速和食物变质的信号，咸味是帮助保持体液平衡的信号，苦味是保护人体不受有害物质危害的信号，而鲜味则是蛋白质来源的信号。值得一提的是，我们所感受到的辣味并不是人体的一种味觉，而是食物刺激舌口腔和鼻腔黏膜，从而产生的一种辛辣、刺痛、灼热的感觉。

既然它是一种痛觉，为什么还有人会无辣不欢？

辣味是一种很奇妙的感觉，它具有增进食欲、促进人体消化液分泌的功能，所以这就是“痛并快乐着”。

第四，听觉。与听觉相关的器官就是我们的“收音机”——耳朵。物体振动激起空气的变化，从而产生声波。声波来到像走廊一样的外耳，在外耳道尽头来到鼓膜，将震动传给内耳。内耳内像蜗牛一样的耳蜗将声音传给了听神经工厂进行加工，从而产生听觉。

第五，触觉。我们日常生活中的接触、滑动、压迫等机械刺激都统称为触觉。被称为“人体盔甲”的皮肤，其深层存在着触觉小体，小体内的神经细胞是十分敏感的，当它受到外界刺激时，马上就发出了一个微小电流，电流信号沿着神经纤维到达大脑，大脑总司令立刻分辨出了该刺激的程度以及信号的位置，这就是我们的触觉。

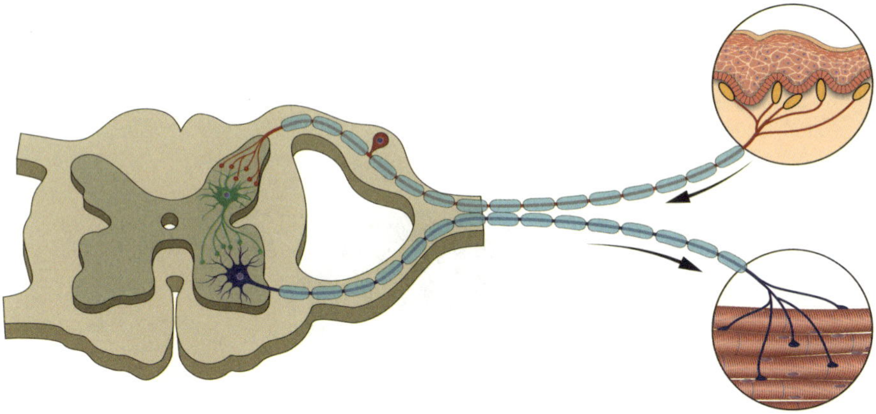

触觉是我们人体的一种“危险预警器”，它保护着我们机体远离机械伤害与辐射损伤，抵御外界的危险物质。

触觉也是医生进行诊断的一种方法，当我们身体不舒服的时候，医生会进行触诊，通过这一方法简单判断疾病的发生。

五感共同协作，形成了我们生存必备的能力，同时也是我们大脑智力活动的基础。我们所能感受到的多姿多彩的世界都是五感共同作用的结果，可以说是五感的存在，才构成了生命对世界的感知。这样看来，五感可真是一个也不能少。

❷ 人体的奥秘：神经大将的调节

如果向一个人的眼睛假装挥拳，那人会控制不住地眨眼，几乎无一例外，这是什么原理？

这其实蕴含着神经反射的知识。挥拳时对方控制不住眨眼就属于一种非条件反射。

我们来了解一下神经和它带来的反射。

生物个体在与外界环境或个体自身进行物质或信息交换时，存在着各种各样的因果关系，始终贯穿着事物的发展过程，这个过程也会被称为反射，其中包括感受器、传入神经、神经中枢、传出神经、效应器的完整神经传导途径，叫作反射弧。

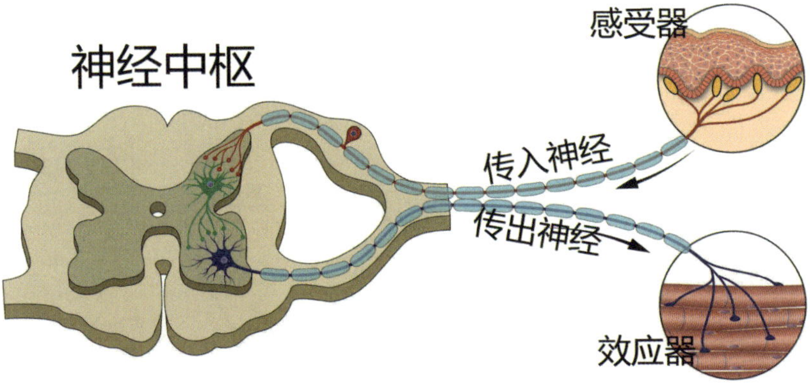

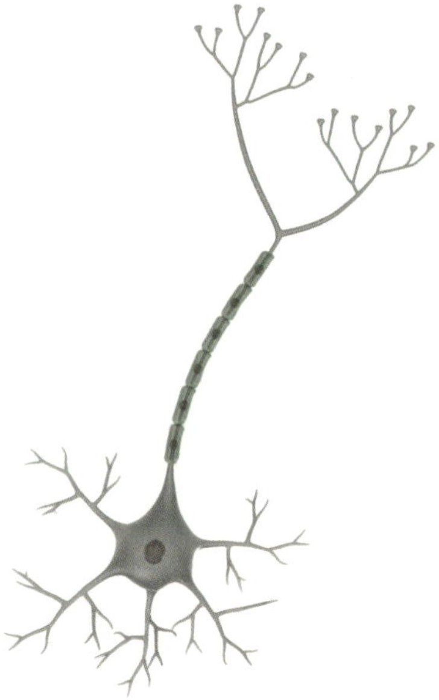

反射是最基本的神经活动，我们可以将反射分为两种，即非条件反射和条件反射。

非条件反射，顾名思义，不需要任何的前提条件，是动物和人生来就具有的，即遗传下来的对外部生活条件特有的稳定的反应方式。

在心理发展的早期阶段，这种反应方式提供最基本的生存技能，也就是我们俗称的本能，如防御反射、定向反射等。还有一些可能是在人类进化过程中，曾经有一定生物适应意义的非条件反射，如惊跳反射、吞咽反射、眨眼反射等。而条件反射就是后天训练出来的，建立在非条件反射基础上的一种反射。

无论是条件反射还是非条件反射，主观上都呈现因果关系，有触发条件并产生相应结果。

成因上，非条件反射基于遗传信息构建神经网络结构；条件反射则是后天在前者基础上，依外界环境进一步发展完善神经网络结构，二者存在继承与发展的关系。

从神经网络功能看，面对外界刺激，它们都有输入、传递、输出的处理及反射过程，相辅相成、紧密相连。

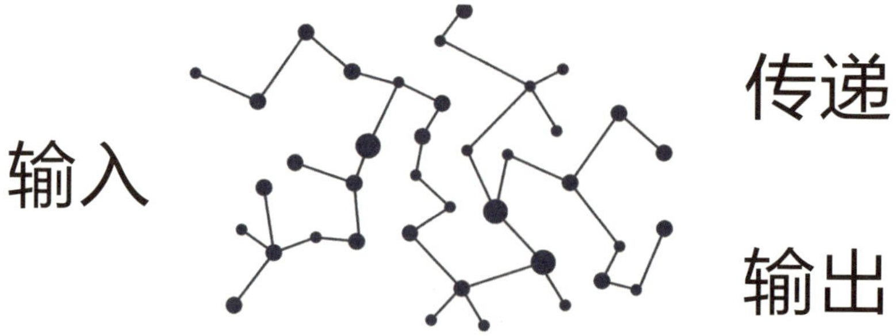

反射是发生在神经里的，那神经又是什么呢？

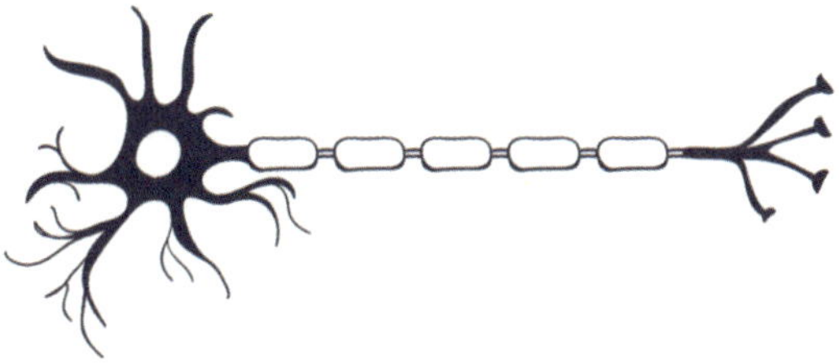

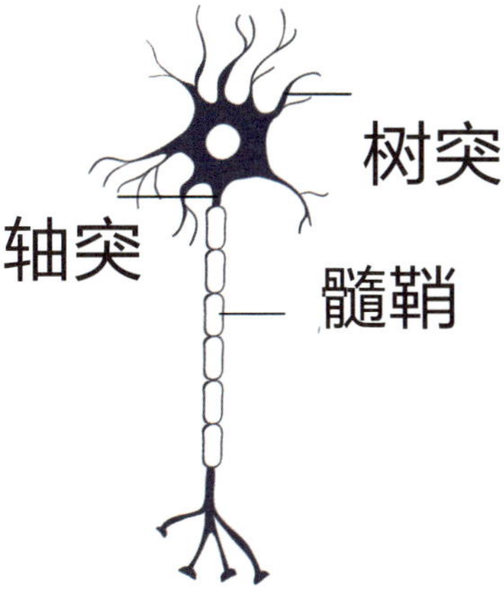

神经由神经元构成，整个神经元构成的系统就叫神经系统，而神经元就是神经系统的结构和功能单位。

神经元是生理层次的物质，也可称作神经细胞，它由细胞体和突起构成。

神经细胞突起分为轴突和树突，神经元较长的突起被髓鞘和神经膜包裹构成神经纤维。神经元的功能包括接收、整合与传递信息：树突和细胞体接收信号，轴突将动作电位传递至突触，与其他神经元或效应器（如肌肉）形成功能连接。在中枢神经系统中，神经元通过突触的复杂连接构成神经网络，这些网络的协同活动是心理过程（如感知、记忆）的生理基础。

经过神经细胞体初步处理的信息，由神经纤维按层次传递，直至达到脑神经进行最后的总处理，处理后的结果又返回神经元，最终通过效应器或腺体执行，产生生理反应。

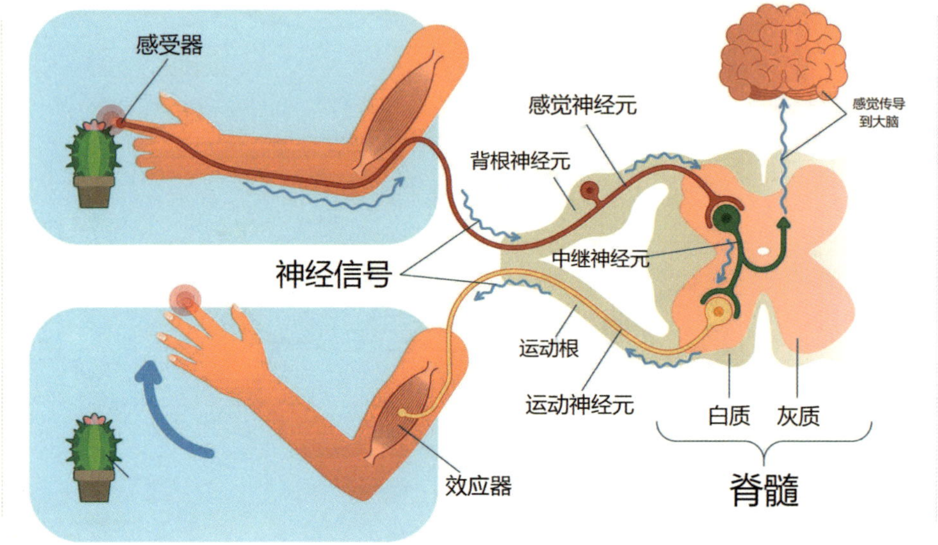

这里我们以膝跳反射为例子，讲讲反射的具体过程。

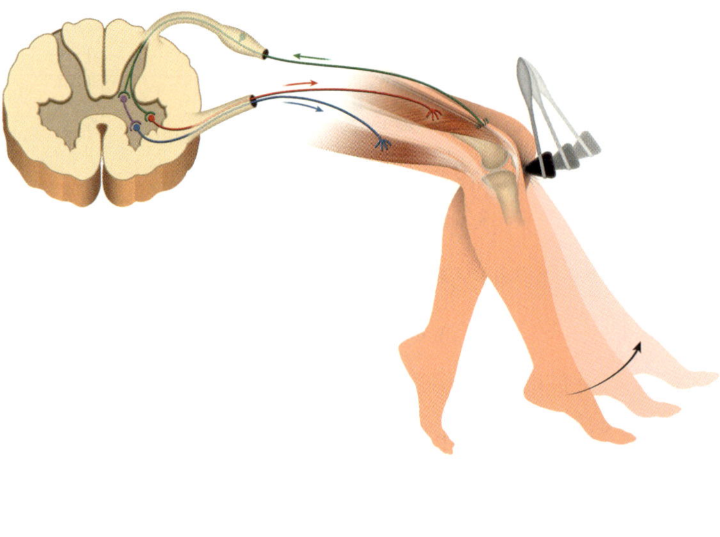

膝跳反射是指当一个人坐在椅子上，一条腿自然地搭在另一条腿上，用橡皮锤或手掌内侧边缘快速地叩击上面那条腿膝盖下方的韧带，小腿会不自觉地一下子抬起来。

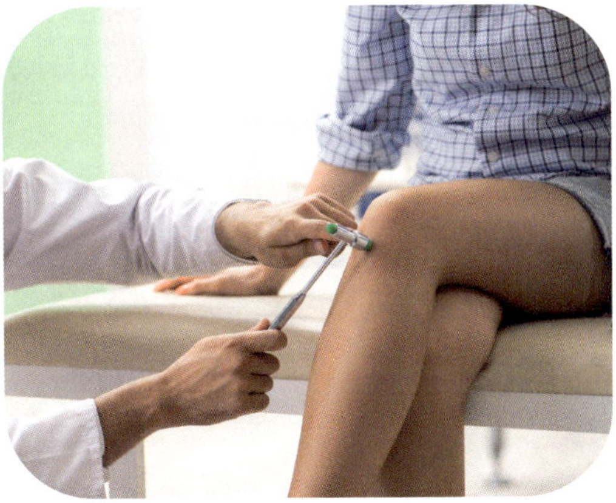

膝跳反射实验

膝跳反射是一种最简单、最经典的反射类型，它的完成过程仅包含两个神经元：感觉神经元和运动神经元。它的神经中枢是低级神经中枢，位于脊髓的灰质内，但是在完成膝跳反射的同时，脊髓中通向大脑的神经会将这一神经冲动传往大脑，使人感觉到膝盖被叩击了。

原来神经反射有这么多有趣的原理，关于反射我们就了解到这里。

通过本章的理论学习，希望大家能够掌握五感的基本概念、形成过程及其相关结构。此外，我们还应掌握反射的基本概念、分类和形成。

动手做一做

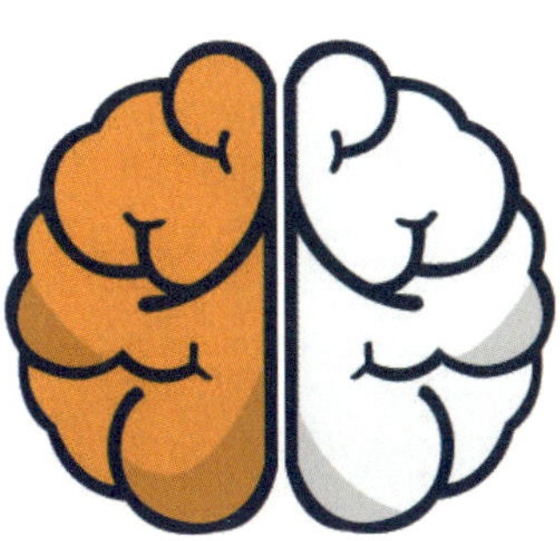

核对一下手中的材料：围裙、三只碗、热水（40℃左右）、温水、冷水、计时器。

开始实验之前先系好围裙，分别在三只碗里盛上热水、温水和冷水。最后，把碗排成一排，热水碗和冷水碗在两边，温水碗在中间。

将一只手放入热水碗中，另一只手放入冷

水碗中，保持一分钟。注意两只手是如何感知水的冷热的。

一分钟后将两只手同时放入温水碗中，注意现在双手对水的冷热感觉如何。

“左手热右手冷”的原理是皮肤的感觉神经不能测试物体的确切温度，但它们能在温度发生变化时发出信号。当这些感觉神经感觉到物体变得比以前更热或更冷时，会向你发出警告。

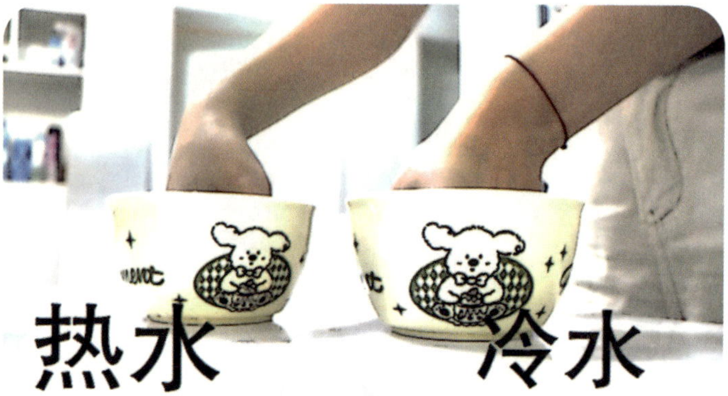

第6章

皮肤的守护者：肌肉与毛发的超能力

❶ 人体的奥秘：人体盔甲

最近换季，有的宝宝身上脸上老是泛红发痒，忍不住要去挠，大家有没有一样的困扰呢？

今天来了解一下人体最大的器官——皮肤。

皮肤可以说是人体的一层盔甲，正是有它覆盖在人体表面上才能保护好体内所有的器官，形成一个完整的身体。

但这套盔甲可与我们平时见到的硬邦邦的盔甲不同，它柔软而且富有弹性，能够配合我们做出许多动作。

皮肤到底有多大呢？

如果把皮肤展开铺平，面积可以达到 1.5~2 平方米，重量约为人体的16%。

其实我们全身的皮肤厚薄可是不一样的，眼睑处的皮肤是人体最薄的，而人体最厚的皮肤，则是手掌与脚底处的。

这层盔甲底下到底隐藏着怎样的秘密呢？

皮肤是我们人体重要的防御器官，具有多种生理功能。它能够形成物理屏障，阻挡有害细菌侵入人体，同时皮肤的免疫系统还可消灭部分细菌。此外，皮肤上的汗腺负责排出汗液，汗液中含有盐分等代谢废物，这一过程有助于调节人体的体温和体内的电解质平衡。而皮肤上的毛发，比如毛囊周围分布着丰富的神经末梢，具有较为灵敏的触觉，能够帮助人体感知周围环境的变化。

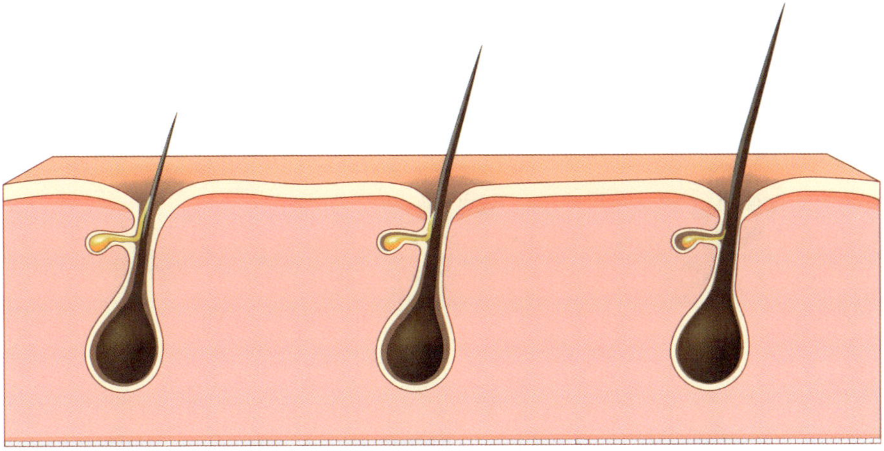

皮肤还能够吸收太阳发出的紫外线，将化学物质合成维生素 D，人体内有了维生素 D 才能够充分地利用钙质。

皮肤是由表皮、真皮和皮下脂肪层三部分构成的。表皮可大致分为角质层、颗粒层、棘层和基底层。角质层是皮肤最外面的一层，不同于其他各层都是活细胞，角质层是由已死的皮肤细胞组成的。

真皮比表皮约厚10倍，它主要向皮肤供应养分，并使其结实而富有弹性。真皮与表皮一样分为多层，含有多种纤维组织、淋巴管、神经末梢及毛囊、汗腺、皮脂腺和丰富的血管等。因此当我们的皮肤损伤到达真皮层时，不仅会产生痛感，还会出现出血的情况。而且，在损伤愈合之后，通常还会留下疤痕。

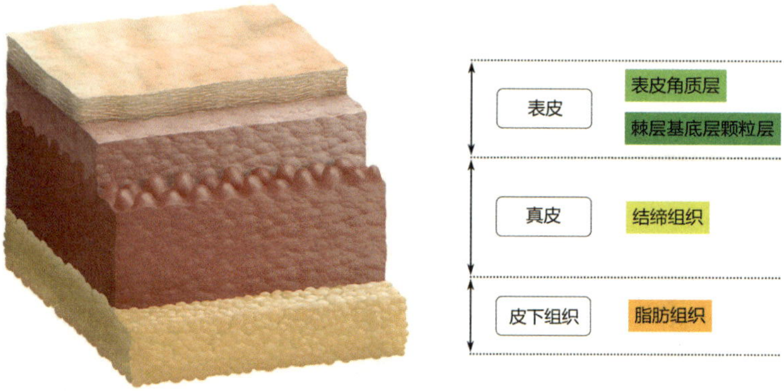

真皮下面是脂肪层，也称作皮下组织或皮下脂肪组织，是一层比较疏松的组织，可以减轻外来的碰撞、挤压。皮下组织还能够替我们储存能量，所以也能够保护我们的内脏。

人体皮肤上会沾有许多微生物，即使洗澡也不可能将它们全部洗掉，这些微生物大多集中在面部、颈部、腋窝，虽然这些寄居的微生物听起来比较可怕，但并不会对人体造成危害。

其实绝大多数寄居的微生物可以视为我们人体盔甲上的金属片，它们不仅对人体无害，而且随时在抵挡着致病性微生物的侵袭。

那宝宝的皮肤为什么会出现泛红、变痒的情况呢？

宝宝的皮肤屏障的厚度大概只有成年人的1/3，屏障功能还没有发育完善，所以面对外来刺激的时候，抵御能力也会相对更弱一些，尤其是面对有害物质和过敏物质时的反应更为强烈，也更容易遭到破坏。

那么，如何防止宝宝的皮肤变红变痒呢？

首先，要避免接触过敏原和刺激性护肤品，根据温度适当增减衣物，做好日常防晒。

其次，要选择适合的保湿产品来守护宝宝的皮肤，及时告诉爸爸妈妈自己脸上或者身上是不是有不舒服的地方。

最后，宝宝洗澡需要温和的条件，水温最好不要超过 40℃，洗浴的时间也最好不要超过 10 分钟，避免破坏宝宝皮肤角质层，使皮肤表面脱水而变得干燥。

到了冬天脸部泛红会影响美观，更有甚者会出现脸部火辣辣或者疼痛的症状，我们该怎么改善呢？

冬天要注意防寒，出门一定要戴上口罩。因为寒风直接吹在脸上，会引起皮肤泛红，所以要注意日常保暖。

大家也要进行适当的运动，增加皮肤耐受力，促进血液循环，改善皮肤泛红症状。

平时我们要避免吃一些口味很重的东西，注意饮食清淡，更要注意个人卫生，勤换洗衣物，要经常把被子拿到室外晒一晒。

皮肤是我们人体器官中很重要的一个组成部分，我们要好好保护它。

❷ 人体的奥秘：起重机

为什么天气寒冷时自己会控制不住地浑身发抖呢？

我们来了解一下人体的肌肉吧。

初看起来肌肉软软的，很柔弱，但它收缩时迸发出的力量却相当惊人，它是人体的“起重机”。肌肉由神经脉冲控制，分别负责各部位的运动，人体有 600 多块肌肉，它们形状各异，在神经系统的指挥下各自履行职责。

肌肉的主要功能是按运动的不同方向或平面移动身体关节。有些关节称为铰链关节，只能在一个平面内做伸展运动，比如膝关节和指关节。

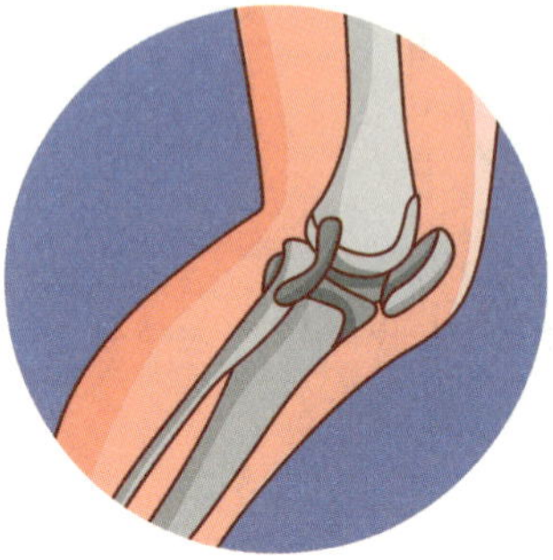

铰链关节

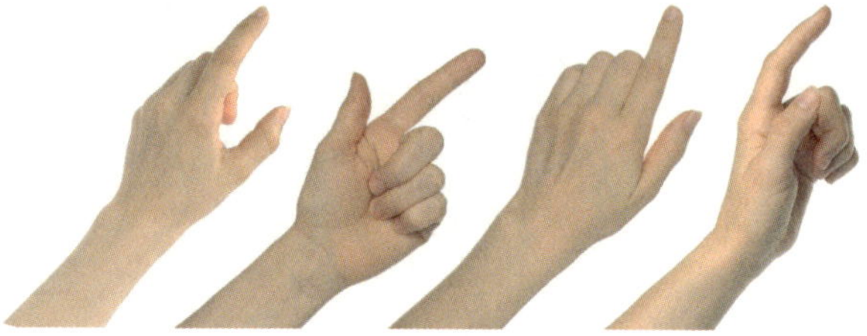

指关节

其他关节如肩关节和髋关节属于球窝关节，可以在多个平面内运动，包括拉伸、屈曲、内收、外展和旋转运动，每个关节、每个运动都由一块或多块肌肉共同完成，这些肌肉或肌肉群通常成堆存在，配合默契，能伸能缩。我们每一个动作都离不开各个肌肉的完美配合。

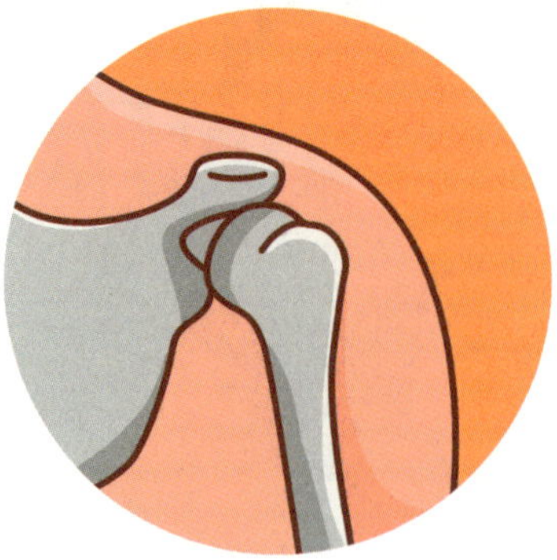

球窝关节

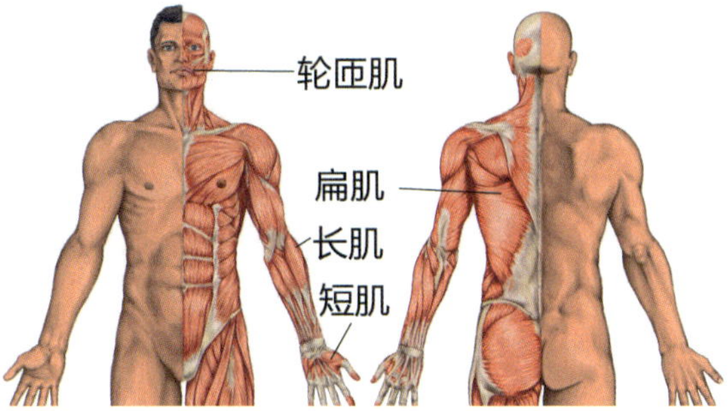

肌肉按形状可分为长肌、短肌、扁肌（又称阔肌）、轮匝肌四种。

长肌主要分布在四肢，呈梭形，中间膨大的部分叫肌腹，两端通过肌腱牢牢附着在骨头上，例如肱二头肌。短肌多分布在躯干深层，如椎间肌、肋间短肌等，体积短小，收缩时运动幅度较小。

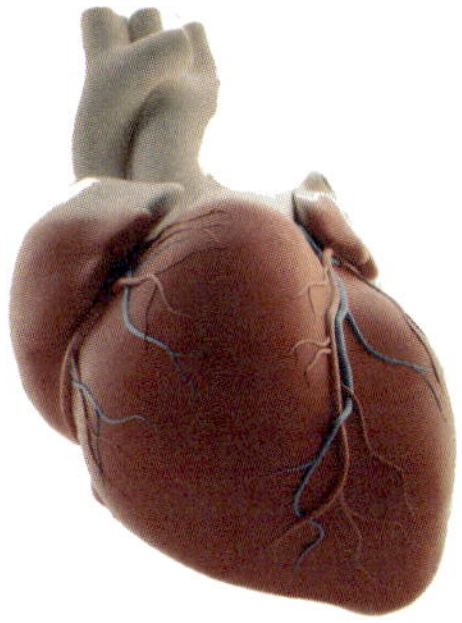

扁肌呈薄片状，分布于胸腹壁，如胸大肌、腹外斜肌等，其肌腱呈膜状，称为腱膜，主要参与保护内脏或协助呼吸。

轮匝肌分布在孔道（如眼、口）周围，呈环形，能通过收缩关闭孔道，例如眼轮匝肌控制眨眼动作，口轮匝肌可使嘴巴闭合。

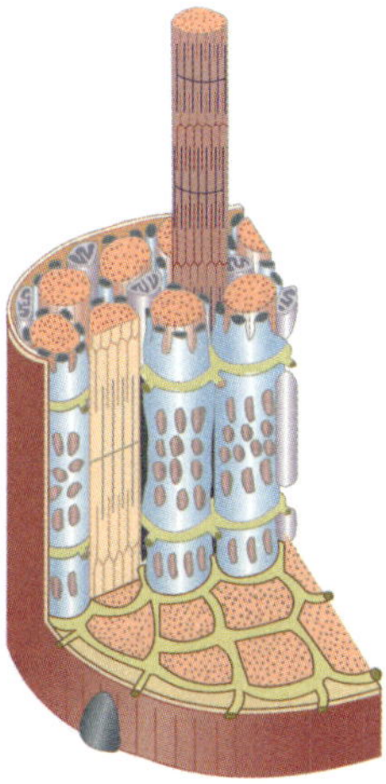

人体的肌肉还能分为三大类：骨骼肌、平滑肌和心肌。

骨骼肌大部分附着在躯干骨和四肢骨上，就像一根粗电缆里面整齐排列着数不清的细电缆，这些细电缆就是我们的肌纤维。肌纤维又由更细小的肌原纤维组成，骨骼肌收缩迅速有力，但容易疲劳，需要时不时休息一下。

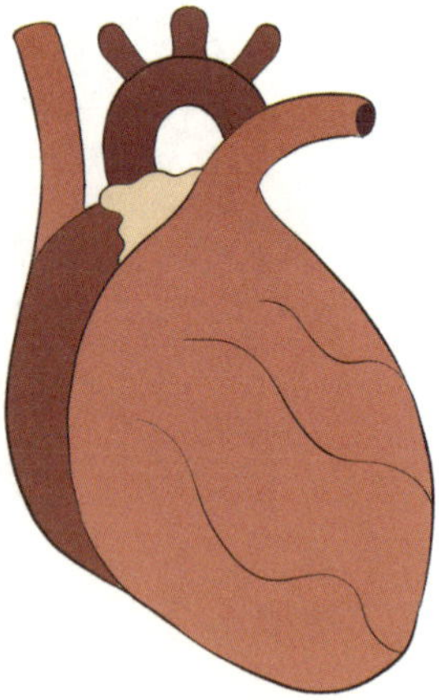

平滑肌的肌纤维一般长 20~500 微米，可以通过缩短或产生张力，使器官发生运动或变形，且不容易疲劳。

心肌是唯一分布在心脏的肌肉组织，其肌纤维呈短圆柱形，并有分支连接成网，长 80~150 微米，心肌的收缩不受人的意志支配，每天大约收缩 10 万次，缓慢而持久。

大家有没有发现有些人的肌肉特别明显，而且强壮有力，这是为什么呢？

原来我们在高强度的训练时，一些肌肉纤维会断裂，身体就会立即修复和强化这些肌肉纤维，来应对更大强度的训练。

通过合理的训练破坏肌肉组织，增进肌肉修复增长，这也是我们要进行健身锻炼的主要原因。但如果我们经常进行高强度的体力劳动，可能会导致局部肌肉发生损伤或乳酸大量堆积，这就是我们有时会肌肉酸痛的原因。

如果出现肌肉酸痛，要注意及时休息，通过热敷或者按摩的方法进行缓解。

小朋友们有没有在天气寒冷时身体情不自禁发抖的经历？有没有想过为什么我们的肌肉会发抖呢？

其实，当我们感觉到冷的时候，发抖是一种正常的生理反射。天气寒冷时，中枢神经会产生反应，使我们出现发冷和寒战的症状，通过发抖产生热量抵御严寒，这是身体的自我保护。

不合理地进行运动是我们肌肉受伤的主要原因，那么应该怎样在运动中保护肌肉呢？

第一，先热身，让肌肉变得灵活。

第二，再做轻度锻炼，逐步增加强度。

第三，正确拉伸，在运动前后都要拉伸，帮助乳酸代谢，防止肌肉变得僵硬。

第四，补充充足的水分，可以提高肌肉的含氧量，增加耐力，但在运动前不能大量喝水，容易造成胃胀和胃痉挛。

③ 人体的奥秘：黑色丛林

头发遮到眼睛了，妈妈说我该剪头发了。

那我们就一边理发，一边聊聊人体的黑色丛林——头发。

头发是人体毛发中通常长度最长的部分。一般情况下，一个人的头发数量约为10万根，而且每一根头发都有其独特之处。

头发从下往上分为四个部分，分别是毛乳头、毛囊、毛根和毛干。头发的生理特征和机能依赖于真皮层内的毛乳头、毛囊和皮脂腺等结构的协同作用。

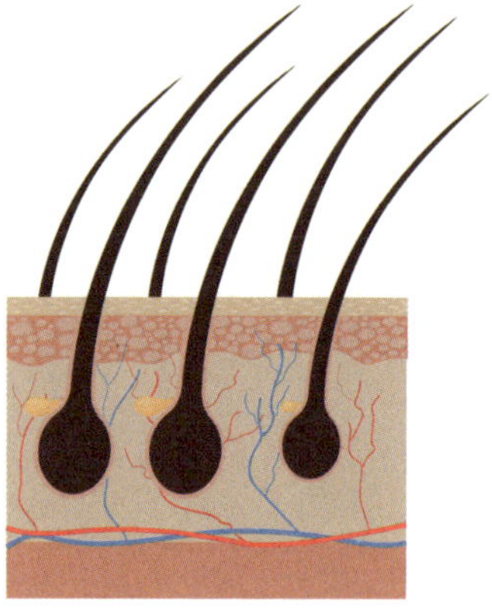

毛乳头连接毛细血管和神经末梢，为毛囊提供营养和感觉功能。毛囊底部的毛基质中的细胞不断分裂和分化，形成毛发的不同部分，如毛干、内根鞘和外根鞘。皮脂腺分泌的皮脂能为毛发提供天然的保护作用，使头发更有光泽，并增强其防水性。

头发对我们人体有什么用？难道就是为了美观吗？

头发可以保护我们的头部，细软蓬松的头发具有弹性，可以作为缓冲，抵挡较轻的碰撞。另外天气冷的时候，头发能给头部保暖，天气热的时候可以帮助汗液的蒸发，简直就是脑袋的专属空调。

原来这不起眼的头发竟然这么厉害。为什么有的人头发是直的，而有的人是卷的，有的人头发是金色的，而有的人是黑色的？

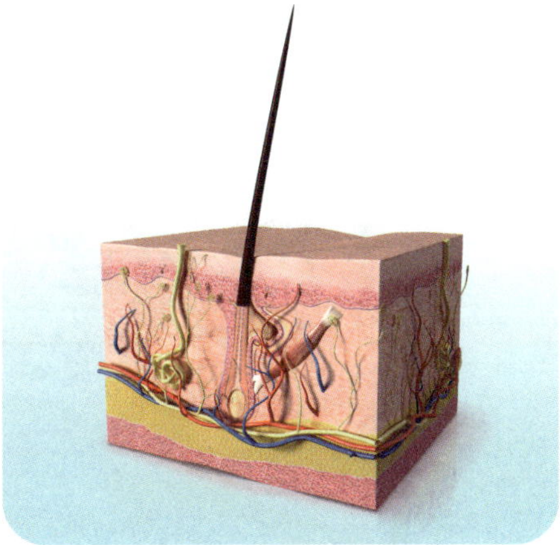

头发的卷曲与否主要由遗传因素决定，表现为角蛋白中二硫键的分布差异和毛囊形态的物理约束，这些特征在毛发生长过程中通过角蛋白的合成机制及毛囊形态的物理塑形作用被固定。

卷曲的头发在毛囊中往往是处于偏心的位置，根鞘在它的一侧厚，另一侧薄。薄的这一面细胞角化开始早，而角化过程有碍毛发生长速度，头发就向这一侧卷曲了。

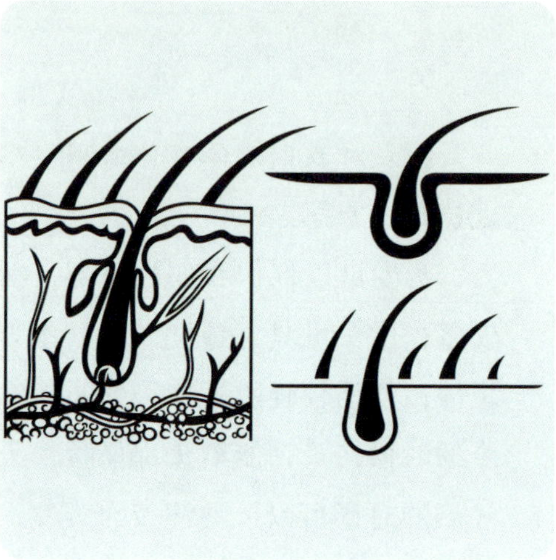

头发的颜色一般由基因决定，而科学研究表明，头发颜色与头发里所含的金属元素种类不同也有关。

黑发含有等量的铜、铁和黑色素，当镍的含量增多时可能就会变成灰白色，金黄色头发可能含有钛，红色的头发可能含有钼，红棕色的头发除含有铜、铁之外，可能还有钴。

为什么奶奶的头发是白色的呢，难道也是含有某种金属吗？

奶奶头发变白主要是由于年纪增大，黑素细胞中的酪氨酸酶活性逐渐降低，这种酶是黑色素合成过程中的关键酶，其活性降低后，黑色素合成减少，使得毛干中的色素逐渐消失。随着年龄进一步增长，毛囊中的黑素细胞数量也逐渐减少，最终导致头发缺乏黑色素，从外观上看就呈现为白色。

现在很多人都在为掉发而烦恼。

其实，正常人每天会掉 50~100 根头发呢，但我们掉这么多头发的同时也在长头发。

掉发和什么有关呢？

其实掉发与遗传有关，而现在更多的是压力导致的脱发，长期的压力会释放刺激毛囊的信号，让它们提早进入休止期。发囊使头发生长，而压力也可能会使发囊失去能力，无法进入毛发生长初期。

这么说来我们要早早预防脱发，那有什么好的方法呢？

最好的方法就是合理饮食加良好的生活习惯。头发的 90% 是由角蛋白构成的，但合成角蛋白的蛋氨酸无法在人体合成，需要从饮食中摄取，蛋白质、维生素、微量元素就是我们摄取的目标。

豆类、豆制品是含有丰富蛋白质、维生素，以及锌、铁元素的食物，可促进头发生长。蛋类食物同样富含维生素和蛋白质，有利于头发生长和健康。

绿色蔬菜含有丰富的维生素 C 和维生素 A，可保持发质的自然状态。坚果类食物如核桃、杏仁、腰果、黑芝麻、花生等含有丰富的微量元素，可改善发质和维持头发的健康。

全谷类食物含有丰富的维生素 B 和铁、锌元素，利于头发的健康。

我们要勤梳头，勤洗头，温柔地对待头皮，也要保持良好的生活作息，长期熬夜可是会脱发的。

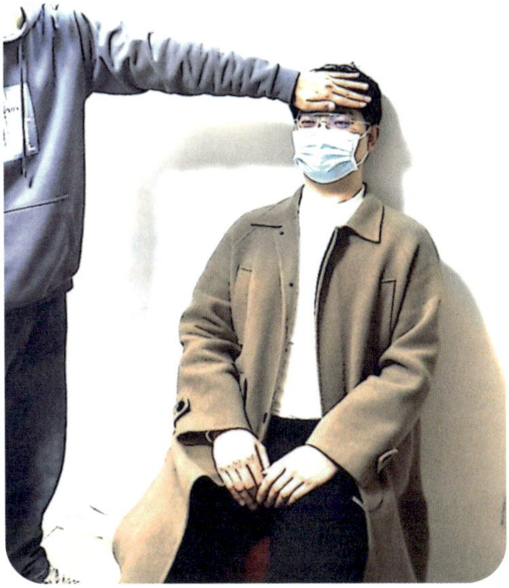

关于头发我们就了解到这里。

通过本章理论的学习，希望大家可以掌握皮肤、肌肉、毛发的结构、特点、功能。

实验小链接

这次要完成的人体实验叫作“定身术”。

请你靠墙坐下，把背完全贴到身后的墙上，头也贴在墙上，把手放在腿上。

接下来请你的小伙伴伸出手掌放在你的额头上，然后你再尝试站起来，可能就站不起来了。

大家知道其中的奥秘吗？

不是因为他的手指有超能力，而是因为你的重心没办法变动。准确来说这与身体的平衡有关，如果想从椅子上站起来，你需要把身体前倾，让重心转移到腿上，而此时你没办法前倾，也就没有办法站起来了。

动手做一做

第一，核对一下手中的材料：毛发、透明胶带、白纸、记号笔、放大镜、铅笔。

第二，从几个人那里获得几根头发丝。你可以从梳子上找，也可以在获得允许的情况下剪或者拔几根头发。如果可能再找一些动物的毛发。

第三，用透明胶带把来自不同对象的毛发分别粘贴到白纸上，用记号笔标注毛发的主人。

第四，用放大镜或显微镜观察每根毛发，并记录你的观察结果。

大家知道其中的奥秘吗?

我们能看到的毛发其实是由已经死亡的细胞组成的，里面含有角蛋白以及黑色素，毛发的黑色素越多，颜色也就越深，不同人仅毛发中的黑色素含量不同。这就是毛发存在差异的原理。

第7章

颅内交响曲：从突触连接到慢波旋律

❶ 人体的奥秘：人体司令部

有小朋友问，为什么爸爸每次骑车都要戴头盔呢？

我们了解一下头盔所保护的脑吧！

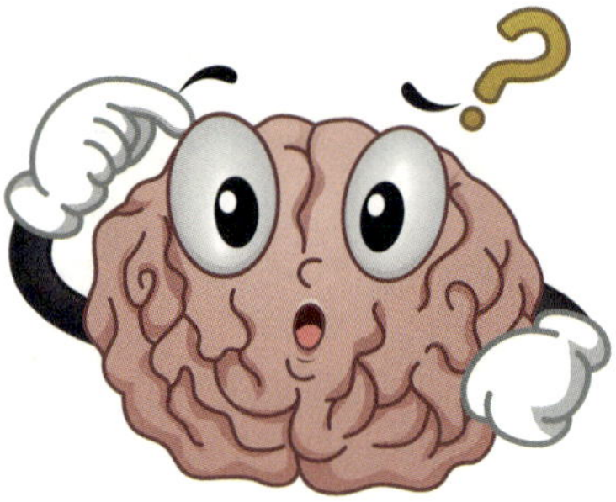

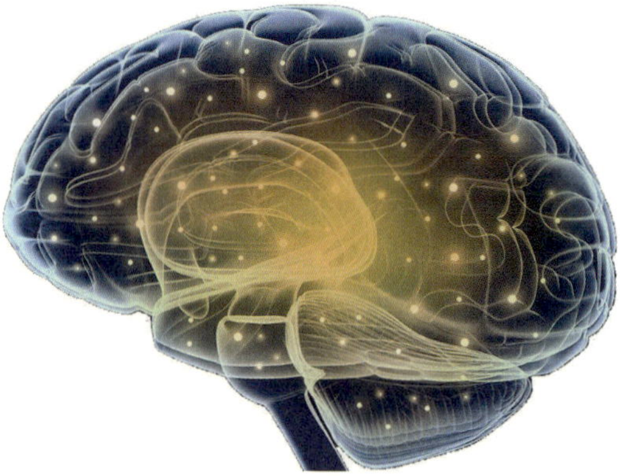

人类之所以被称为万物之灵，就是因为有一个发达的脑。人的一切活动都是在脑的指挥下进行的，脑是神经系统的指挥中心，是思想的摇篮，是人体的“最高司令部”。

从外表看，脑如同一个核桃仁，负责收集各类信息，因此，尽管脑只占身体总重量的2%，但比其他部位受到更细致良好的保护。

脑可以说是人体最精密、最智慧的器官，它控制和管理着各级中枢，包括说话、写字等行为。

脑的结构非常复杂，主要包括大脑、小脑、间脑和脑干四部分。脑干又叫下脑，是大脑、小脑和脊髓相互联系的重要通道，对心跳、血压、呼吸等起调节作用。间脑具有调节内分泌的功能，还能调节体温、食欲和情绪等。小脑只有大脑体积的1/8，位于脑干的两旁和后面，能维持身体平衡、调节肌肉张力、协调运动。如果小脑受伤，走路就会歪歪扭扭，像喝醉酒一样。

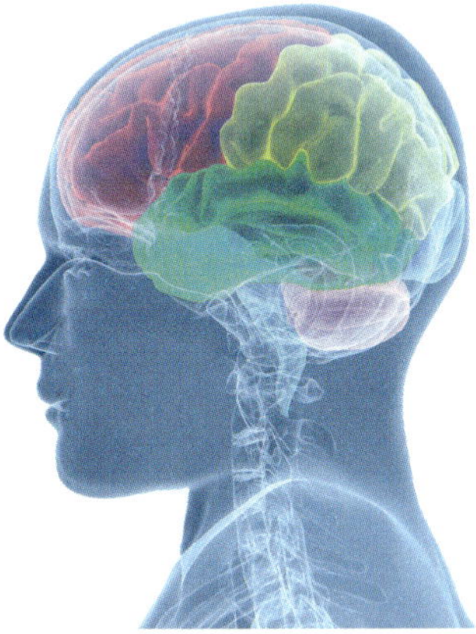

人脑组织在存活状态下（湿重）的构成比例约为：水分 75~80%，脂类（主要为脑磷脂等）10~12%，蛋白质 8%，其余为糖类及微量元素。

从解剖学角度看，大脑由两个半球构成，表面布满沟回，这些褶皱结构显著增加了大脑皮层的表面积。人类大脑皮层包含约 160 亿个神经元，其下是由髓鞘化神经纤维组成的白质。

大脑对身体的运动控制呈现对侧支配关系：左半球主要控制右侧肢体运动，右半球主要控制左侧肢体运动。然而，惯用手与大脑优势的关系更为复杂：右利手者确实常表现出左半球运动控制和语言功能优势，但右半球在精细运动控制中同样发挥重要作用。

大脑的左右两个半球在功能上各有侧重：左脑主要负责逻辑、语言、数学等理性思维，而右脑则更擅长艺术、想象、情感等感性思维。然而，这种分工并不是绝对的，许多高级认知功能需要左右脑协同完成。左右脑通过胼胝体（由约 2 亿条神经纤维组成）紧密连接，实现信息交换和功能整合。大脑不仅控制着身体的运动和感觉，还进行调节情绪、记忆、决策等复杂活动，左右脑共同协作，确保人体的整体功能协调统一。

没有脑，我们将失去学习、思考、判断、创造的能力，甚至连呼吸都无法做到。

脑的角色如此重要，所以骑车时爸爸会戴头盔，保护好脑。大家一定要记得提醒爸爸妈妈骑电动车或摩托车时戴好头盔。

大脑也控制着我们的记忆。人的记忆分为短期记忆和长期记忆，短期记忆只能持续大约 15 到 30 秒，最长一般不超过 1 分钟，长期记忆至多能保持几十年。

科学家估计，如果能充分激发脑的潜能，那么脑可以容纳的信息量相当于 8000 万册的书籍。

大家有没有听说过有人记忆力超群，能够过目不忘？

其实，我们的记忆力是可以后天培养的，只要我们采用高效合理的记忆方法，记忆的能力就能大大提高。

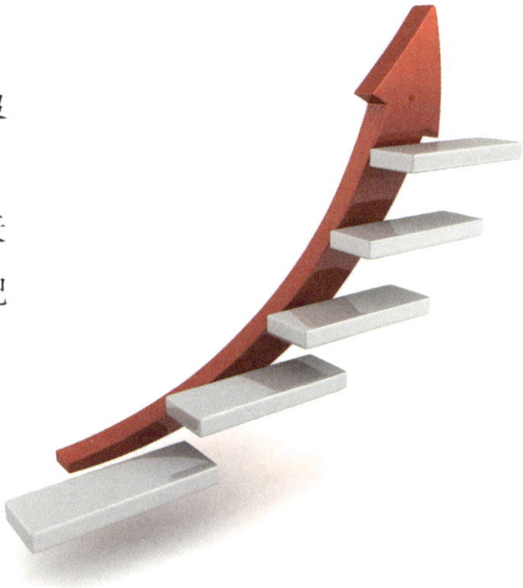

保持身心愉悦，确保充足的睡眠，集中注意力，每天均衡饮食都能提高我们的记忆力。

小朋友们尚未成年，脑还没有发育完全，因此我们要注意科学用脑，保护我们敏感的脑。

怎样才能科学用脑呢？

第一，要保证膳食营养均衡，多吃海带、坚果、鸡蛋、鱼类等有益于脑发育的食物。

第二，要多运动，保持健康的身体，脑才能高效地运转。

第三，保持充足的睡眠，如果用脑过度，会不利于小朋友们脑的正常发育。

第四，未成年人不能饮酒，要避免酒精对未发育完全的脑造成损害。

❷ 人体的奥秘：对话周公

我们每天都要按时睡觉，在学校里还要午睡，感觉睡觉是一件很奇妙的事情。

对于人类而言，睡眠占据了我们一生 1/3 的时间，可以说，睡眠的好坏是决定生活质量好坏的基础。

睡眠是一种在哺乳动物、鸟类和鱼类等生物中普遍存在的自然休息状态。

规律的睡眠是生存的前提，从睡眠中醒来是一种保护机制，对维持身体健康以及确保个体的生存来说，良好的睡眠及正常的觉醒都是必不可少的。它的特征包括减少主动的身体运动、对外界刺激的反应减弱、促进细胞的修复与再生以及清除代谢废物等。

睡眠也是一个很复杂的过程，它由两个交替出现的不同时相所组成。一个是慢波睡眠，又称非快速眼动睡眠，主要用于恢复体力。另一个则是异相睡眠，又称快速眼动睡眠，主要用于恢复脑力，此时眼球会快速运动并经常做梦。

在晚上睡觉是很正常的，但是我们中午为什么还要午睡，时间这么短的睡眠也有很多好处吗？

当然啦，由于人的脑细胞持续兴奋的时间大概为 4 个小时，然后就会进入抑制状态，上午经过几个小时的工作和学习后，脑细胞的兴奋度已经减弱。再加上午餐后消化系统的血液供应量明显增多，大脑的血液供应量减少，从而导致随血液流入大脑的氧气和营养物质也相应减少。于是人就会出现一次睡眠节律，逐渐产生困意，这时候就应该及时午睡了，这样不仅能让脑得到休息，还对身体大有益处。

午睡的好处更是不少：

第一，消除疲劳。午睡能让工作了一上午的脑得到休息，可以补充人在脑力、体力方面的消耗，小睡一会儿能帮助身体消除疲劳，稳定神经系统，恢复体力。

第二，增强记忆力。脑经过休息后认知能力会得到有效提高，下午的注意力和工作效率也会更高。

第三，调节情绪。在高强度的学习状态下会容易出现压力大、情绪差的情况。如果每天坚持午睡，不仅能使脑得到休息，还能放松精神，舒缓压力，帮助调整情绪。

第四，有利于心脏健康。养成每天规律的午睡习惯，有助于降低心脏病的患病概率，尤其是对于长期熬夜，晚上睡眠少于 6 小时的人来说，规律午睡带来的好处更为显著。

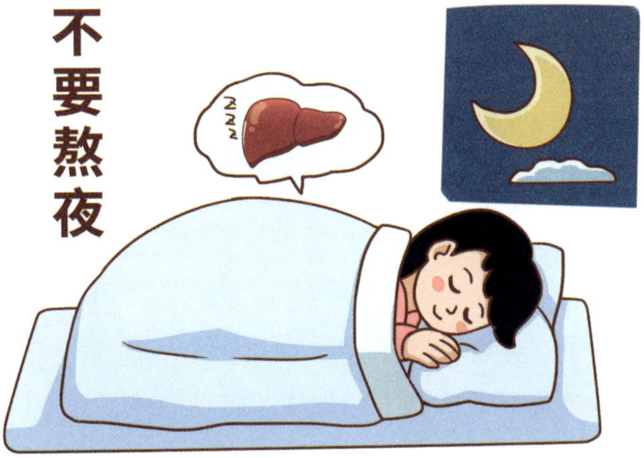

这时候就不得不说到熬夜这件事了。其实对于不同年龄段的人，熬夜的时间点定义也不一样，基本认为每个人会有自己独特的生物钟，只要过了自己的熬夜点后入睡，那就属于熬夜。

熬夜的危害有很多，长期熬夜的人皮肤受损会非常严重，因为皮肤休息最好的时间就是在晚上。熬夜会增加皮肤的负担，引起一系列的皮肤问题，比如肤色暗淡、起痘痘。

经常熬夜的人容易出现过度肥胖的问题。这是因为熬夜容易让人忍不住吃夜宵，而夜晚进食不但会造成入睡困难，还会导致第二天早晨食欲不振。长此以往，饮食不规律和营养不均衡，就会引起过度肥胖。

除此以外，熬夜也会对视力、肝功能、免疫力等有着极大的负面影响，所以小朋友们可千万不要熬夜。

我曾经听到过一种叫作“鬼压床”的现象，这是什么？

“鬼压床”，指睡觉的时候突然有了意识，但是身体不能动。事实上，这种现象属于睡眠障碍的范畴，是睡眠瘫痪的一种典型表现。也就是人们在睡眠时呈现半醒半睡的情境，脑波是清醒的波幅，甚至有些人还会同时出现有影像的幻觉，但全身肌肉张力降至最低。

如果真的遇到了这种情况，可以通过以下方式来快速恢复肌肉张力，如快速转动眼球，让他们上下左右地运动，然后眨眼、收缩舌头和嘴巴周围的肌肉。当肌肉张力开始出现时，试着移动脖子、肩膀、手、手指、腿和脚趾，最后坐起来动动所有的肌肉，这样就可以有效解决“鬼压床”的现象了。

关于睡眠就了解到这里。

通过本章理论的学习，希望大家能够掌握大脑的结构、功能，掌握睡眠的基本概念、意义。

实验小链接

这次要完成的人体实验叫作“手脚协调”。

先让一个小伙伴在椅子上坐下来，抬起右脚，脚尖按顺时针方向旋转，然后让他不要停下脚上的动作，再抬自己的右手食指在空中写“6”，就会发现我们很难同时做两件事情。

动手做一做

第一，核对一下手中的材料：笔、7 张不同颜色的卡纸。

第二，用笔在 7 张卡纸上分别写出 7 种颜色的名称，但是每种颜色的名称必须与卡纸颜色不同。例如不要在绿色的卡纸上写“绿”这个字，可以写在橙色或其他颜色的卡纸上。

第三，以最快的速度大声地读出纸上所写的字，然后再读一次，不过这次还要读出字所在的卡纸的颜色，两次相比哪一次更容易一点？

大家知道其中的奥秘吗？

我们一开始读的时候需要一定的反应时间，因为大脑不同的区域有不同的功能，例如负责视觉的区域靠近大脑的后部，对颜色的知识储备区域却位于大脑的前部。再读一次时会觉得更容易一些，速度也更快，因为大脑各区有了上次的经历后，各区神经元的协同反应会更快。

第8章

净化工厂：肾脏的清洁任务

❶ 人体的奥秘：排毒工厂

聊一聊我们人体的排毒工厂——肾脏。

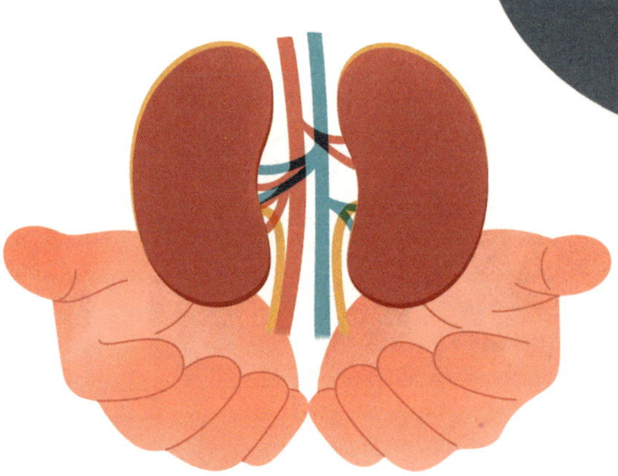

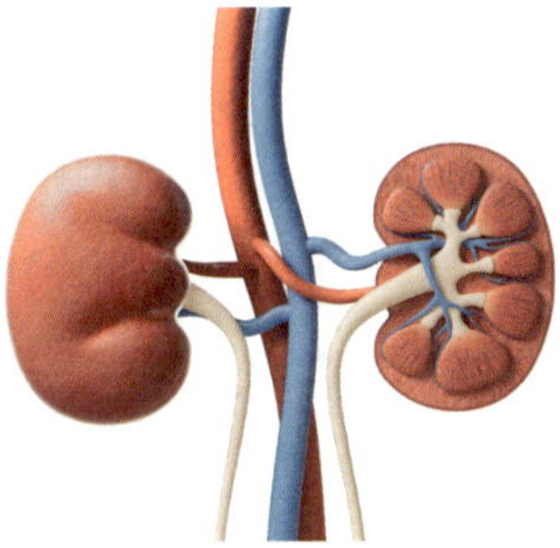

肾脏位于腹腔后壁腰部，脊柱的左右两侧，它的形状很像蚕豆，呈红褐色。肾脏外面包有三层膜，紧贴肾脏表面的膜叫纤维膜，其次是一层很厚的脂肪囊，最外一层是肾筋膜。

肾脏的制尿部分由许多肾单位组成，一个肾大约有 80 万 ~120 万个肾单位，每个肾单位包括肾小体和肾小管两部分。肾小体是制尿的最小装置，可分为肾小球和肾小囊两部分。

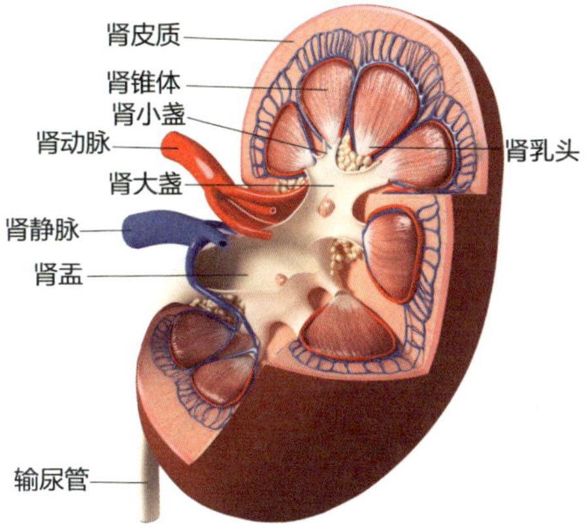

肾小球是个由毛细血管构成的血管球，它的一端来自肾动脉的分支——入球小动脉。入球小动脉在肾小球囊里的众多分支盘绕成肾小球，然后又汇合成出球小动脉。出球小动脉从肾小球出来后，在肾小管周围又分支形成供给肾脏营养的毛细血管网。各个毛细血管网再汇成较粗的肾静脉，从肾脏出来进入下腔静脉。

肾小囊是肾小管起始部膨大凹陷所形成的杯状双层囊，它把肾小球包绕起来，囊腔与肾小管相通。肾小管是从肾小囊顺延出来的管子，由单层上皮细胞构成，分为近曲小管、髓袢和远曲小管，具有重吸收和分泌的功能。

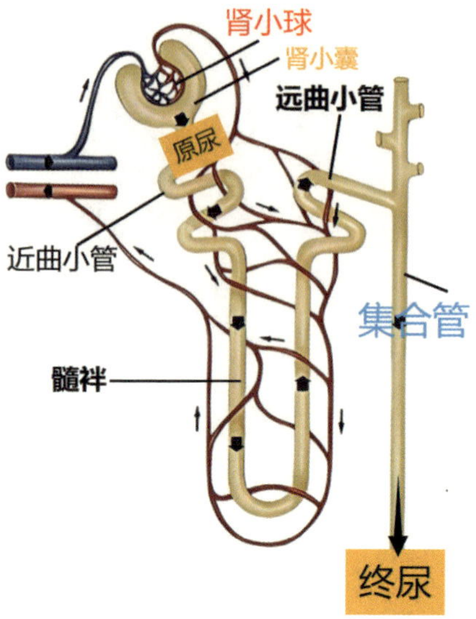

尿液的形成可以分为两步：第一步，血液通过肾小球的过滤形成原尿；第二步，原尿通过肾小管的重吸收形成尿液。

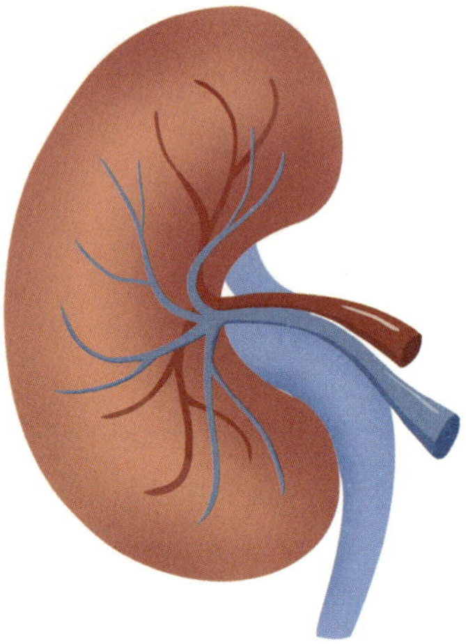

肾小球是一个非常好的过滤器，它的血管内皮细胞有许多小孔，内皮外的基膜也很薄，所以血浆内的大量液体很容易通过毛细血管壁和肾小囊脏层进入肾小囊，形成原尿。

正常人体一昼夜滤出的原尿可达150~180升，大约有99%要被肾小管再吸收回血液中。

髓袢的主要功能是通过逆流倍增机制建立高渗透压梯度，从而帮助浓缩尿液。远曲小管参与水分和电解质的重吸收，并且能够分泌一些物质，有助于调节尿液的酸碱平衡。

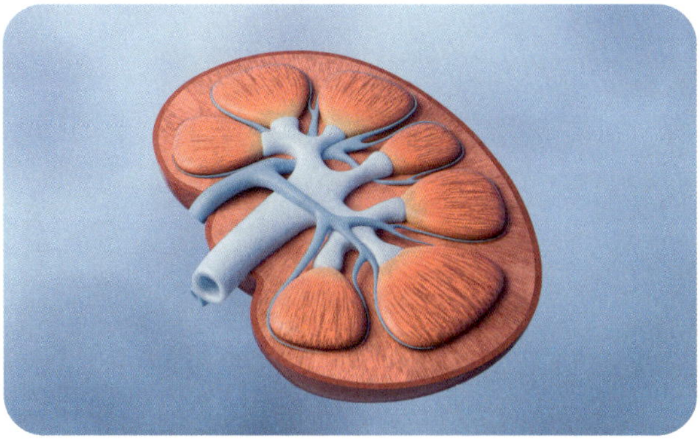

原尿经过肾小管（包括近曲小管、髓袢、远曲小管）的重吸收后，剩下的液体称为终尿，流入集合管。每个肾单位的远曲小管直接连接到集合管，多个集合管最终汇集成一个乳头管。

到达乳头管里的尿，再经肾小盏、肾大盏，最后流经输尿管就形成了尿液。

肾不间断产生的尿液首先流入输尿管中，输尿管不是把尿液直接排出体外，而是注入膀胱内。

膀胱这个有弹性的肌肉储存袋会逐渐充满尿液，当膀胱内的尿液积存到一定量时，膀胱的肌肉壁就会扩张，并且向大脑发出信息。人会逐渐意识到体内的膀胱需要排尿，当人体排尿时，尿液会顺着尿道排出体外。

肾脏有很强的代谢能力，只要有 30%~40% 的正常肾组织存在就不会出现症状，只有肾脏病变严重或出现肾衰竭时才会出现水肿、腰痛等症状，逐渐失去肾脏功能，以致威胁人体生命。

肾移植是晚期尿毒症患者透析治疗外的一种治疗方法，是将健康的肾脏移植到患者右下腹的髂窝内。

按供肾来源不同，分为自体肾移植和异体肾移植，找到合适的移植肾的过程很复杂，确定移植的肾与受者在血型和组织型上是否良好匹配，需要进行各种各样的检查。

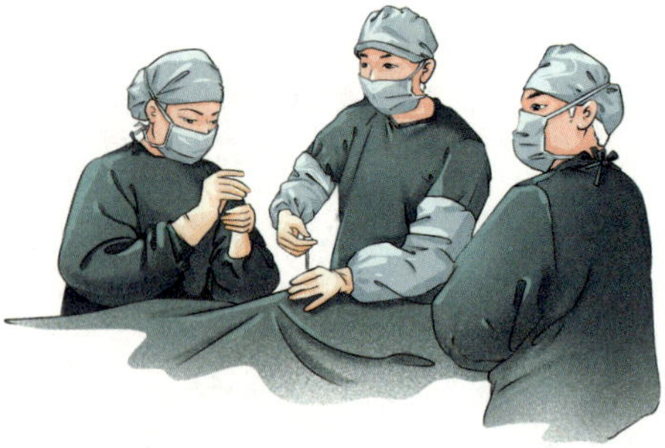

肾是人体非常重要的器官。只有肾脏健康才能确保尿液生成顺利，更好地清除身体内的废物、毒素等，调节体内水循环等。所以说日常要重视保护肾，建议先纠正那些损伤肾脏的坏习惯，比如下面的三点。

第一，吃药不能过量；第二，要注意饮食，避免高盐重油，少喝酒，多喝水；第三，不能长时间憋尿。

❷ 人体的奥秘：肾脏工厂运行中

为什么人要上厕所？

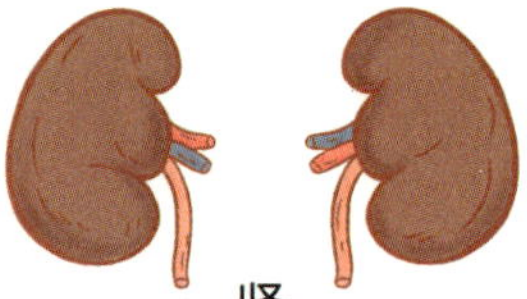

肾

因为人体要排出身体里没有用或者对人体有害的东西。下面我们再来简单复习一下尿液的形成。

首先，要知道人体的血液中不仅有氧气和营养物质，还会有细胞排出来的有害物质和一些人体不需要的物质。这些物质跟着血液一起流动，要是不及时排出去的话，就会对人体造成伤害。

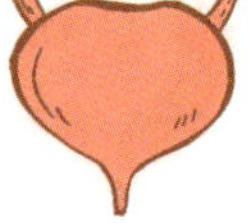

膀胱

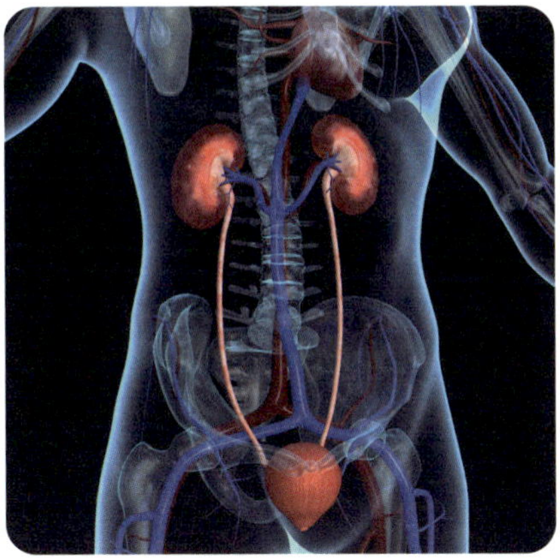

肾脏是处理体内有害物质的重要器官，每个人通常有两个肾脏，它们位于腹部的后部，靠近腰部的位置。

肾单位由肾小体和肾小管构成，肾小体又由肾小球和肾小囊构成，这些都是加工尿液的工厂。

当血液经过肾小球的时候，肾小球就会像漏勺一样把有害的物质从血液里过滤出来，比如尿酸、尿素，还有一些没有用的无机盐。当然，第一次过滤时，有用的物质也会悄悄地混在里面，比如水、保证我们能够有力气干活的葡萄糖、一些有用的无机盐，这些都会被过滤到肾小囊中。这个时候尿液就已经初步形成了，我们叫它原尿。

原尿在流过肾小管时进行重吸收，部分的水、有用的葡萄糖，还有无机盐被吸收，然后重新运到肾小管周围的血管里，而那些没有用的物质就会从输尿管运到膀胱里。

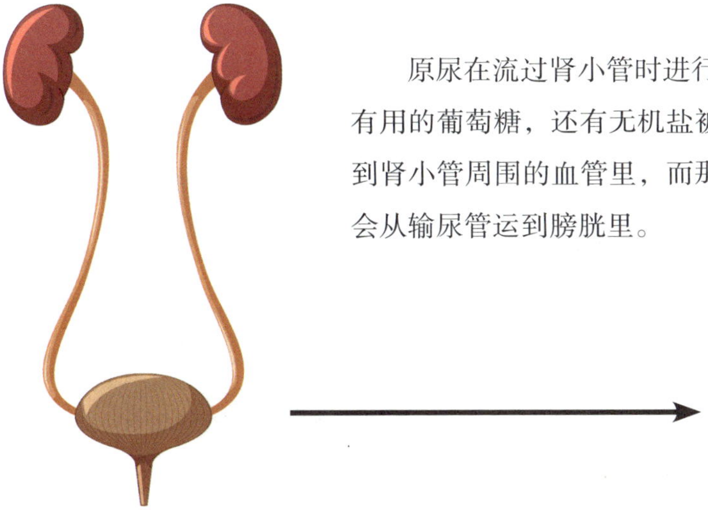

膀胱

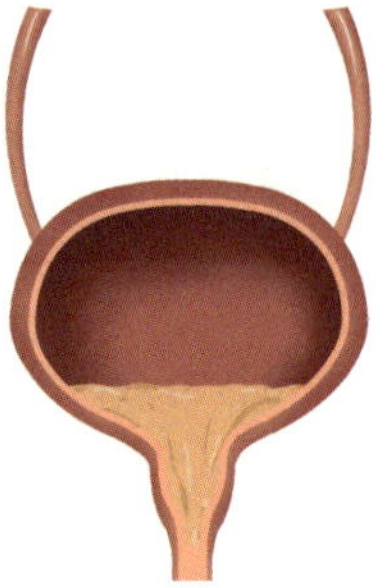

膀胱就是储存尿液的地方，它就像一个可以伸缩的皮口袋，专门用来储存尿液。

当膀胱储存的尿液到一定程度就会向大脑发送信号，提醒我们该上厕所了，然后尿液就会从尿道排出去，这就是尿液的形成过程。

原来尿液的形成过程这么复杂呀！

所以说我们人体就像一部精密的仪器，每个地方都是一个加工厂，肾脏就是尿液的加工厂。

医院里有尿检的窗口，尿液也能检测吗？

尿液也是反映人体健康程度的一个“警报器”，正常人的尿液都是淡黄色或者无色透明。如果我们的泌尿系统或者身体其他器官出现问题了，尿液就会变成不同的颜色。

当我们的泌尿道受伤时，尿液就会变成红色，也就是俗称的血尿。血液本身出现问题的时候，也会使得尿液变成红色。

当尿液呈现出黄褐色时，就像浓茶一样，说明人体可能患有黄疸病，体内的肝胆系统出问题了。

尿液变成棕褐色时，像酱油一样，说明血液生病了，血管内的红细胞破裂了，出现了溶血的症状，比如输血时血型不符合会出现这样的状况。

尿液变成白色，说明体内可能出现了一种名叫“丝虫”的寄生虫。丝虫会让我们的泌尿道严重化脓感染，这时尿液就会变成白色。

不过尿液变颜色也不一定是因为生病，尿液的颜色与吃的东西和药也有关。胡萝卜吃多了会让尿液变成亮黄色，服用中药大黄的时候尿液会变成深黄色，吃大量红心火龙果可能会使尿液变成紫褐色。所以要是看到自己的尿液不是淡黄色或者透明的，不要惊慌，有可能是吃了让尿液变色的食物或者药物。

原来尿液能告诉我们这么多东西，关于尿液我们就了解到这里了。

通过本章理论的学习，希望大家能够掌握肾脏的位置、结构、功能以及尿液的形成过程。

动手做一做

第一，核对一下手中的材料：黏土、卡纸、笔。

第二，用棕色的黏土捏出像蚕豆一样的肾脏，左肾略高一点。

第三，用蓝色的黏土捏出肾静脉，红色的黏土捏出肾动脉，并将它们叠在一起。

第四，用白色的黏土捏出两根长长的输尿管，用黄色的黏土捏出倒三角形的膀胱，并在底部捏出一个小尖尖表示尿道。

第五，将它们粘在卡纸上，并标注上它们的名称。

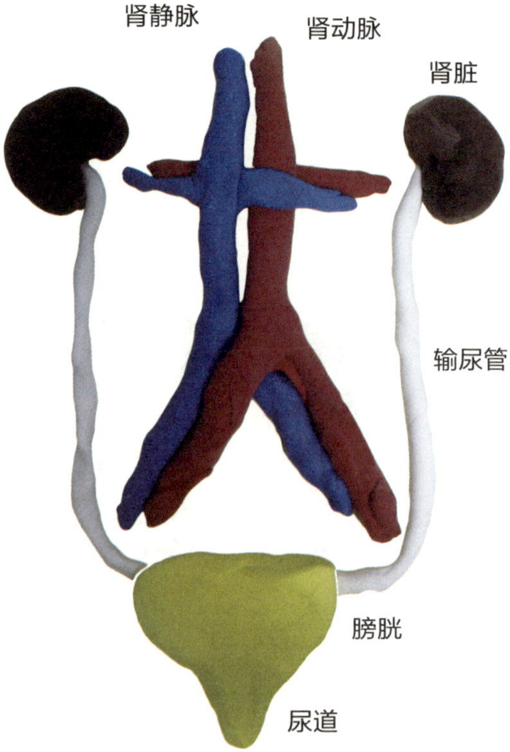

第9章

消化道奇幻漂流：食物的变身之旅

❶ 人体的奥秘：食物的消化之旅

妈妈老是教育我们，不要在吃饭的时候讲话，这是为什么呢？那么下面就来了解一下我们的消化系统。

我们的消化系统有一条起自口腔、咽、食管、胃、小肠、大肠，延伸到肛门的肌性管道，也叫消化道。

和许多动物相比，我们人类是慢食者，因为人类的消化系统在结构上不能对付大而厚的食物，所以我们要先通过牙齿和舌头的咀嚼、搅拌后再将食物咽入食管。

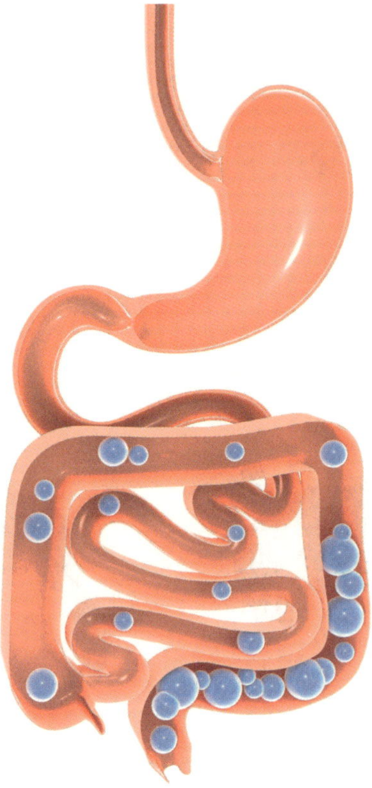

口腔是消化系统的接收中心，也是食物进入人体的第一站。

食物到达口腔后，舌上的味蕾会对其检查一番，确定食物不含有危害的物质，同时唾液浸润食物，消化其中的淀粉，食物经过舌头、牙齿后紧接着进入吞咽状态，整个过程轻松而协调。

舌头顶住口腔顶部，将咀嚼后的食物推到咽部，同时软腭上升，封闭鼻腔通道，气管入口被会厌软骨盖住，不让食物进入肺部。

如果在吞咽食物时说话，气管不能被封闭，食物就会进入气管，引起强烈的咳嗽。所以大家千万不要在口中有食物时说话。

食管有拇指一般粗，长度约 25 厘米，其内侧是一层黏膜。尽管食管黏膜的痛觉神经分布相对较少，对一般食物通过时产生的刺激不敏感，但若受到较强刺激，仍可能引发疼痛感觉。

食物通过食管之后到达胃部，胃是消化道中最宽阔、最有弹性的器官，一般成年人的胃能容纳 1.2 升的食物，它能随着进食而胀大，会把食物揉搓、搅拌和转动，并利用胃液进行分解。

在胃部停留几个小时之后，食物就会被送到小肠的第一段即十二指肠进行下一步消化。

小肠是食物消化吸收的主要场所，盘曲于腹腔内，全长约 3~5 米。

小肠可以分为十二指肠、空肠、回肠三段。十二指肠是消化活动最初开始的部位，空肠可以分泌大量消化酶，回肠有3米多，主要用于吸收营养。

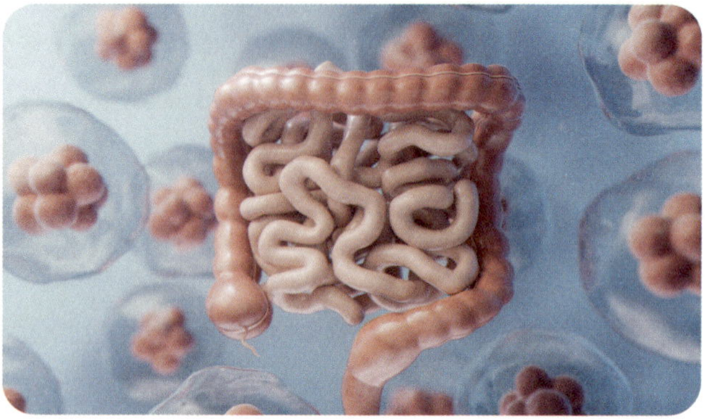

进入人体的食物中，大部分营养物质在小肠中被吸收，未被吸收的食物残渣和其他物质则进入大肠。大肠不仅负责将这些物质转化为粪便并最终排出体外，还参与水分和电解质的再吸收。

大肠之所以称“大肠”，是相对小肠而言，大肠直径约6.5厘米，而小肠仅有2.5厘米。

大肠主要由盲肠、阑尾、结肠、直肠和肛管构成。大肠没有消化食物的能力，它的主要作用是吸收食物残渣中的水分和矿物质，是粪便的暂时储存所。当粪便到达直肠时，直肠就会收缩，肛门周围的括约肌松弛，促使粪便排出体外。

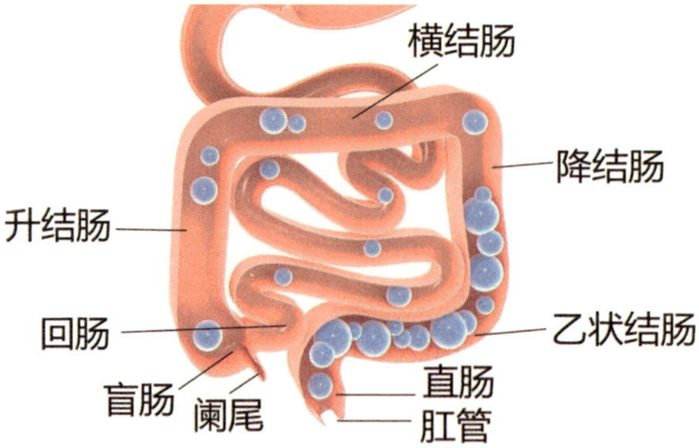

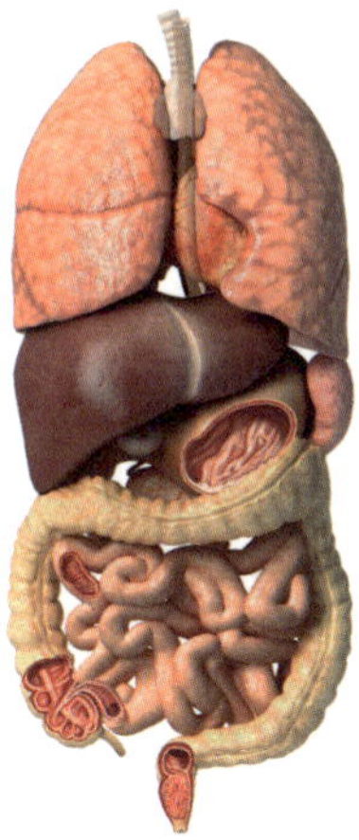

在人体腹腔的右上侧是一个很重要的器官——肝脏，它是人体最大的内脏器官。肝脏的主要任务是加工营养物质，保持机体处于稳定状态。

小朋友们有没有这样的经历，在肚子很饿的时候就会“咕咕”叫，这是为什么呢？

原来食物消化完毕后，胃里渐渐变空，空空的胃就会开始收缩，胃里的空气就会发出“咕咕”的声音。

腹泻

小朋友们有没有拉过肚子呢？拉肚子也叫腹泻，引起腹泻的原因很多，比如吃得太多、吃了不干净的食物或者未成熟的水果蔬菜等，肠道因此受到刺激，产生比平时更剧烈的蠕动，这种剧烈的蠕动使得肠道内容物在肠道内停留的时间显著缩短，肠道来不及充分吸收其中的水分和营养物质，就将粪便快速排出体外，最终导致腹泻症状的出现。

预防腹泻，小朋友们要养成良好的卫生习惯，不吃生的食物、喝煮开的水、勤洗手、多通风、多锻炼，增强抵抗力。

❷ 人体的奥秘：食物中转站

好朋友过生日，我们一起吃蛋糕、吃火锅，吃得好饱。可是晚上我总感觉肚子里胀胀的，是不是因为我吃得太多了呀？

吃得过饱确实会引起胃部胀气。我们来聊一聊胃这个食物中转站。

胃上接食道，下通小肠，它的形状在不同的物种之间也是不一样的。鱼类和蛇类等因其身体细长，所以其胃部呈现出与之相适应的纺锤形。

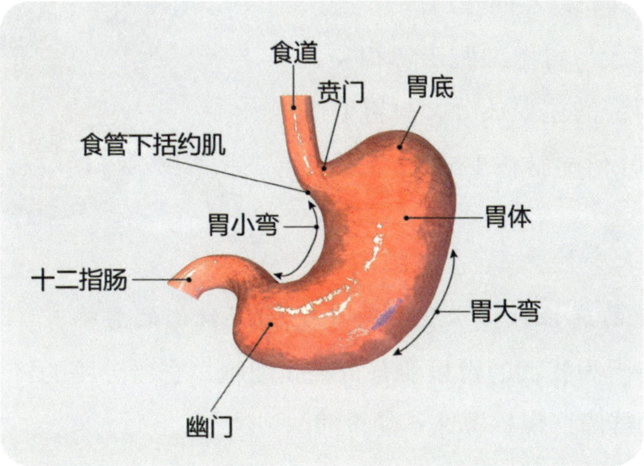

而哺乳类动物的胃则呈袋状弯曲，横卧在我们的肚子里。

神奇的是牛、绵羊、鲸鱼等动物可不像我们一样只有一个胃来处理食物，它们都有 4 个，即瘤胃、网胃、瓣胃和皱胃，而初氏喙鲸更是有 15 个胃。

我们可以把胃比喻成一台混凝土搅拌机，每天吃进去的食物就好比是水泥、石子、沙子，而胃分泌的胃液就好比是水，它们各司其职，共同作用。

胃液的形成与胃壁细胞密切相关，其中胃酸（胃液的主要成分，由胃壁细胞分泌）的 pH 值通常在 1.5~2，腐蚀性极强。

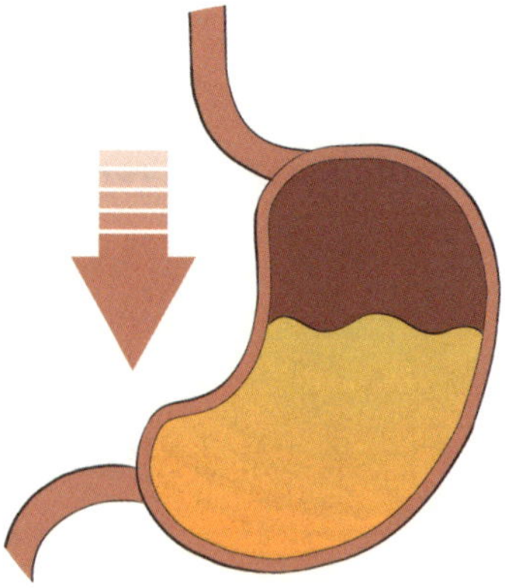

既然胃酸的腐蚀性这么强，那不会伤害我们的胃吗？

不会的。因为我们的胃里面有胃黏膜细胞，它所分泌的胃黏膜在胃内形成一道天然的屏障，保护胃体不受胃酸的侵蚀。

生活中所有的胃炎都是由于胃黏膜细胞受损，造成胃酸对胃壁的灼伤，进而形成炎症和溃疡。我们要是患上了胃病，会造成进食障碍，导致营养素的摄入不足。

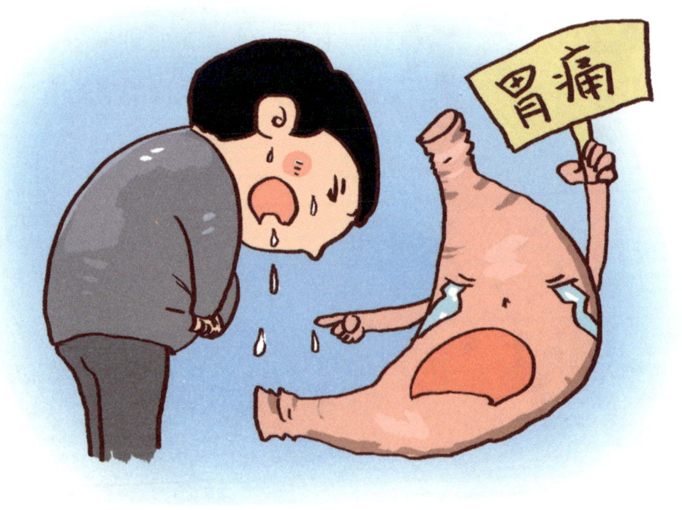

通常情况下，人体具有自我修复能力，但若长期存在营养素缺乏（如缺乏蛋白质、维生素 A、锌等），或受到幽门螺杆菌感染、药物损伤等因素影响，胃黏膜修复可能不及时、不彻底，导致慢性炎症。这种慢性炎症可能进一步发展为萎缩性胃炎，甚至增加胃癌的风险。

在胃部这种强酸环境中，幽门螺杆菌是目前已知能够在胃内生存的主要微生物。它可不简单，是引发胃部多种不适症状的重要“元凶”，更是导致胃癌发生的关键启动因子。

当我们进行体内幽门螺杆菌检测时，如果结果显示呈阳性，这就表明已经感染了幽门螺杆菌。需要注意的是，虽然感染幽门螺杆菌会使胃癌的发生风险相较于未感染人群有所升高，但并非感染了幽门螺杆菌就一定会患上胃癌。最终是否发展为胃癌受许多因素影响，如个体的遗传易感性、饮食习惯、生活方式以及是否及时进行规范治疗等。

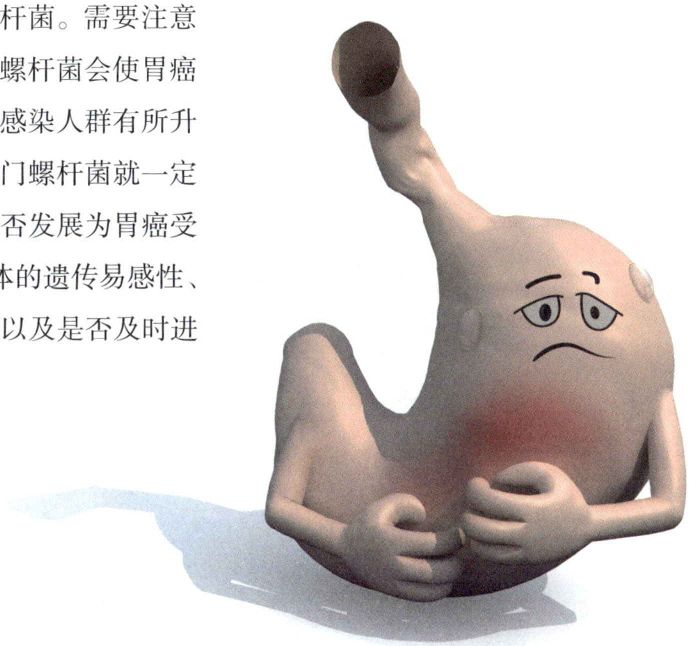

那胃里的强酸环境是不是为了消化我们吃的食物而形成的？

是的。胃的功能可以总结为四个。第一，储存食物功能。在我们进食的时候，胃底部的肌肉会产生反射性的舒张，而幽门又是关闭的，这样就会把食物暂时停留在胃内进行消化。

第二，消化和吸收功能。由于胃一直在不停地蠕动和分泌胃酸、胃蛋白酶等，它可以对食物同时进行机械和化学消化。

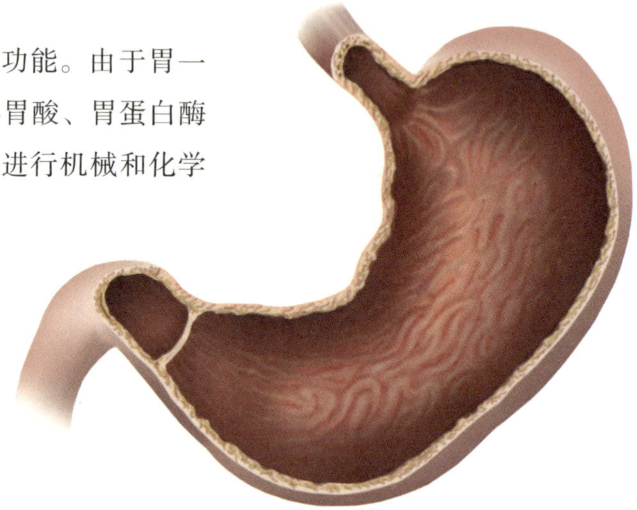

第三，分泌功能。胃可以分泌胃液、胃泌素、胃动素、生长抑素等物质。

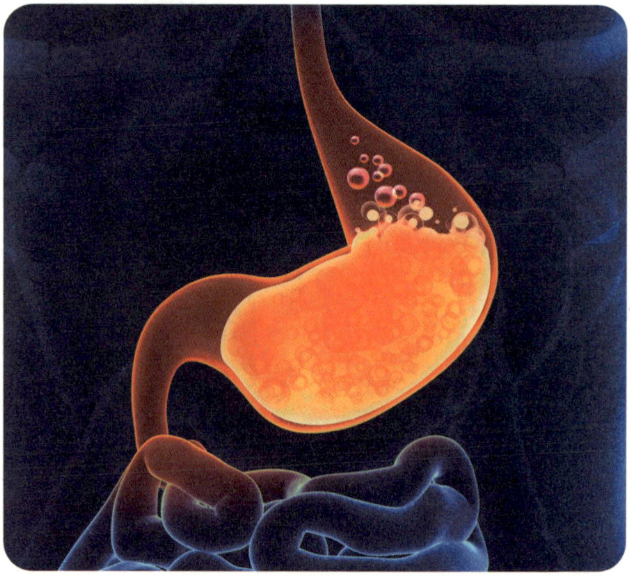

第四，防御功能。胃的黏膜屏障由胃酸、分泌型免疫球蛋白以及淋巴组织等组成，可防止病原微生物及异物的侵入。

其实胃部疾病的产生并不仅仅是因为进食引起的，胃还是一个特殊的情绪器官。

现在我国肠胃病患者有 1.2 亿，慢性胃炎的发病率更是高达 30%，这与充满压力的生活方式及不良饮食习惯都有着密切的关系。

为了在食物来临前实现蠕动、泌酸、滋养自身组织的功能，胃需要自主神经系统来调控。

而胃是我们的“出气袋”，在情绪低落、精神紧张时，大脑的情绪中枢会发生功能紊乱，紧挨着的自主神经中枢就会受到影响。其中控制胃肠的自主神经又最容易发生失调，这样会让消化液分泌减少或过分增加，容易造成胃部疼痛、反酸及食欲下降等消化不良症状。所以，“胃肠是对情绪最敏感的器官”这一说法，是有一定道理的。

胃这么重要，那我们更得好好保护它了。

小朋友们平时可不要挑食，要有规律地饮食，定时定量，增加营养，少吃油炸类等刺激性食物，更不能暴饮暴食或只吃零食。

❸ 人体的奥秘：生化工厂

我们身体里最大的内脏器官是什么呀？

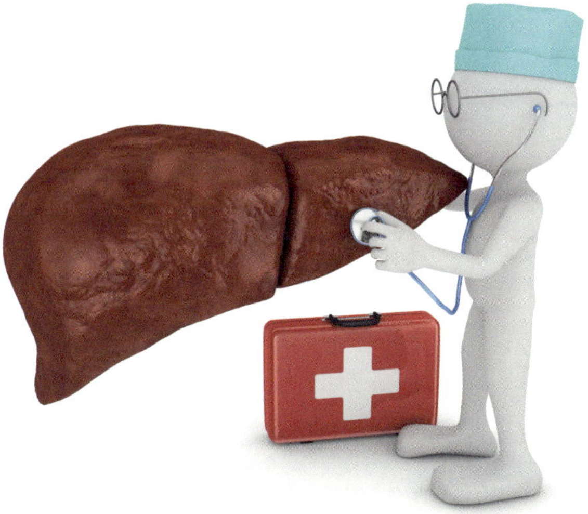

我们身体里最大的内脏器官是肝，它也是我们人体中最大的腺体。

我国成年人的肝约重 1250 克，其中成年男性为 1154~1447 克，成年女性为 1029~1379 克。

肝脏位于人体的右上腹，在胃的上方，正常人的肝在体表是摸不到的。

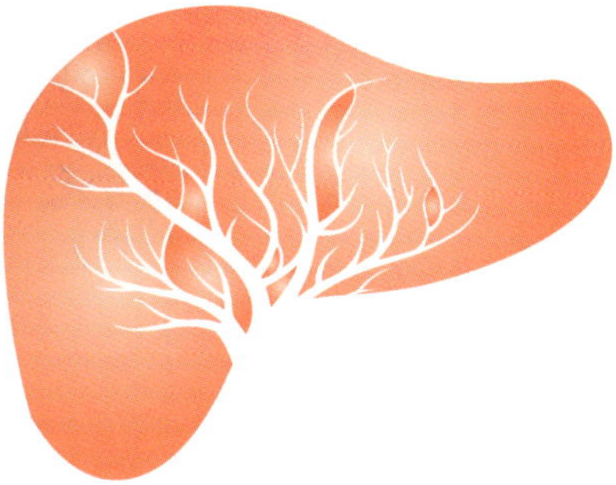

肝脏有 500 多种功能，是人体强大的“生化工厂”。肝脏具有分泌胆汁、参与代谢、储存糖原、解毒、吞噬、防御等主要功能。

肝脏呈红褐色、质软而脆，肝脏与膈相贴的面叫膈面。这个面上有一条位于矢状位的镰状韧带附着，借由这条韧带，肝被分成了两半，右边这大而厚的一块被称为肝右叶，而左边这又小又薄的一块被称为肝左叶。

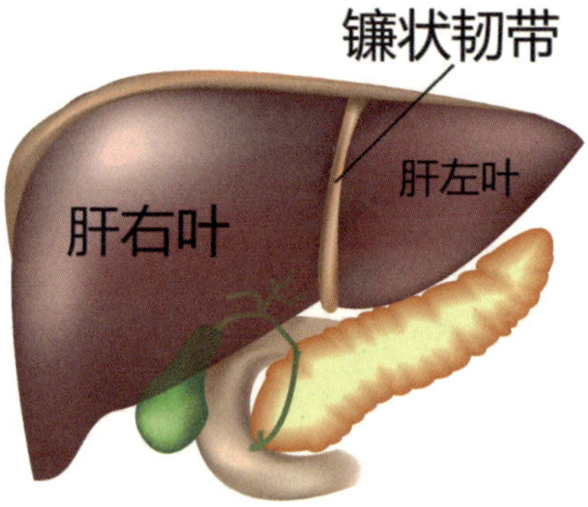

乙肝又是什么东西呀？

乙肝就是乙型病毒性肝炎，一种被称为 HBV 的乙肝病毒向肝细胞进攻，入侵肝细胞，肝细胞被入侵后，肝脏就会发生炎症，肝功能也会受损。

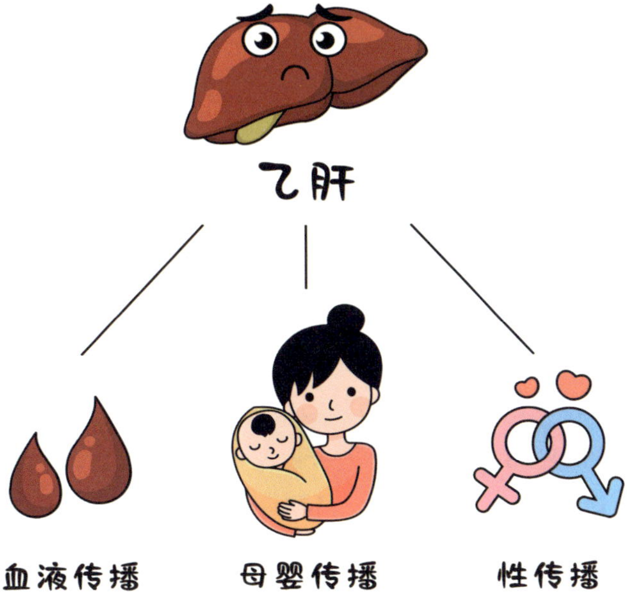

乙肝病毒的入侵可以说让许多人闻风丧胆，该怎么形象地给大家介绍乙肝患者的常见症状？

肝区疼痛是乙肝的症状之一，通常表现为胀痛或刺痛，时有时无，生气劳累时痛感更为剧烈。

黄疸是乙肝的第二个症状，表现为眼睛黄、皮肤黄，尿液也是黄的，黄疸越深也就意味着病情越严重。

第三个症状为乏力，每天只想休息，不想活动，一点都提不起精神，躺着喘气都嫌累。

第四个症状是食欲下降，美食千千万，可惜就是提不起兴趣，什么都不想吃，甚至还想哭。厌恶油腻的食物，恶心想吐。

乙肝患者应避免饮酒、服用伤肝的药物，以及食用发霉的花生、玉米等含有黄曲霉毒素的食物。

不要与他人共用剃须刀和牙刷，如有伤口需包扎，乙肝患者也应及时告诉家人，让家人及时接受乙肝检查和疫苗注射。

我们远离乙肝病人不就不会被感染了吗？

虽然乙肝是具有传染性的，但是一般的生活接触，如握手、拥抱、共餐是不会传染乙肝病毒的。

乙肝容易转为慢性，目前还没有彻底消灭乙肝病毒的有效药物。但经过规范化抗病毒治疗后，可最大限度地抑制病毒复制，延缓和减轻肝脏损害，预防肝硬化、肝癌及其并发症的发生，提高生活质量，延长寿命。

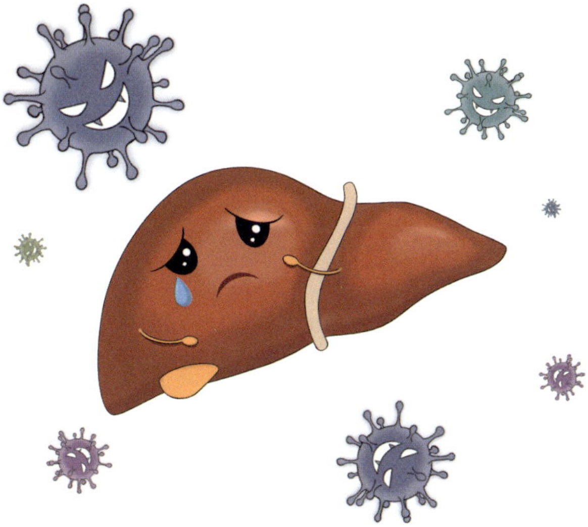

接种乙肝疫苗是预防乙肝最安全、最有效的措施。

除了接种疫苗外，在生活中还需要注意，要做到作息时间的规律，做到早睡早起。同时养成积极乐观的心态，保持心情愉快，对肝脏的健康同样重要。

但战胜乙肝其实是一场旷日持久的战役，它需要我们去消除误解与偏见，克服恐惧，让我们携手为彼此照亮前路。愿世间少些歧视，多些温暖。

❹ 人体的奥秘：胆汁仓库

看了恐怖片，好害怕，晚上睡觉也不敢一个人睡，爸爸嘲笑我胆小，可是胆是什么东西啊？

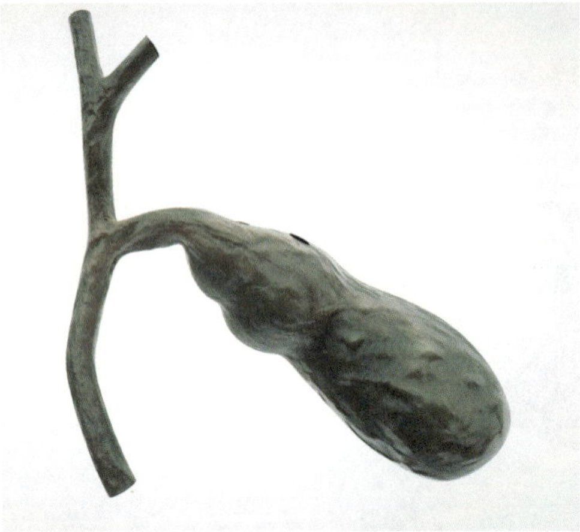

胆?

人们平常所说的“胆小”“胆大”，其中提到的“胆”，并不是指与胆量大小有实际关联的部位。而在人体生理结构中，真正被称为“胆”的器官，是作为人体胆汁“仓库”的胆囊。

胆汁是由肝分泌的。

胆汁是一种消化液，由97%的水和3%的其他成分构成。

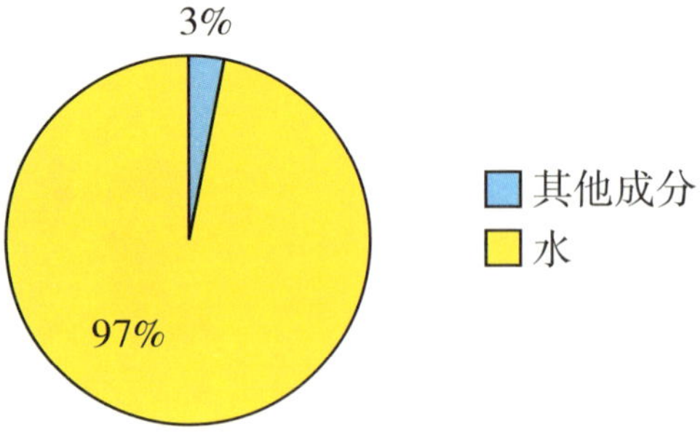

这 3% 的成分内，包括无机成分和有机成分两大类。无机成分为钠、钾、钙、碳酸氢盐等，有机成分则是胆色素、胆盐、胆汁酸、胆固醇、卵磷脂、黏蛋白等。

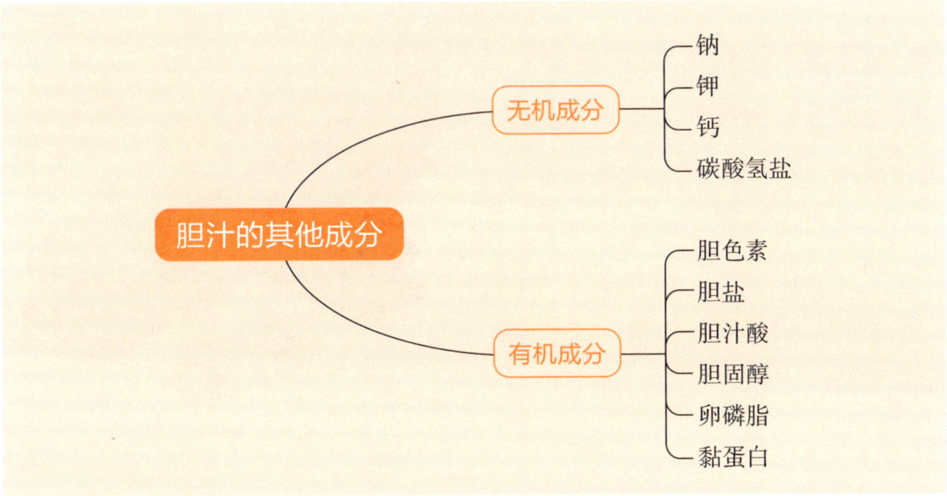

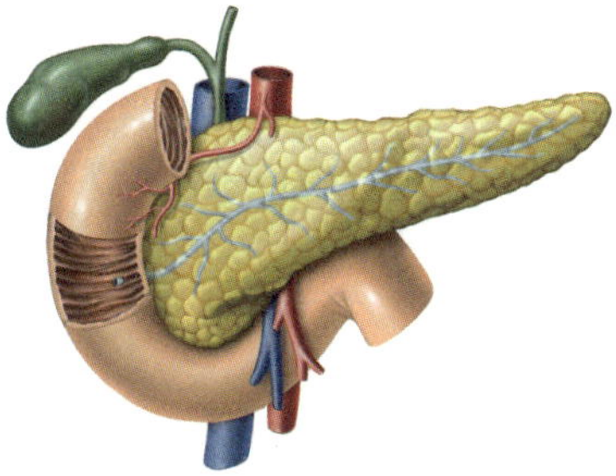

肝脏是胆汁的“生产工厂”，刚“出炉”的胆汁呈金黄色，耀眼夺目。胆汁走在属于它的“康庄大道”——胆管内，顺利来到了下一站“仓库”——胆囊。

胆囊直接把胆汁内的水榨干，吸收掉它的无机盐，原本呈金黄色的胆汁在这一番压缩下变成了深绿色。每当主人大快朵颐之后，肠道叫苦连天，迅速下单了一份“胆汁”牌去油神器，“仓库”——胆囊接收到“客户”下单的指令，立刻打包好将这份胆汁“快递”邮寄到了肠道，胆汁就开始了辛勤的工作。

胆汁的工作是什么呢？

胆汁在肠道里的主要工作就是乳化油脂，促进脂肪的消化和吸收。

十二指肠就是它的工作地点，在这里，它需要把主人吃入体内的大块脂肪，切割成一小块一小块的脂肪小颗粒。

“胰液外卖”

当然肠道不仅仅下单了一份胆汁，同时它还向胰脏下单了一份“胰液外卖”。

胰液负责下一道工序——消化脂肪，彻底把脂肪粉碎成甘油和脂肪酸，使得人体成功吸收。

介绍完胆汁，我们讲讲胆汁“仓库”——胆囊。

胆囊是一个储存和浓缩胆汁的囊状器官，外形酷似一个鸭梨，长度为 4~9 厘米，容量为 30~50 毫升。胆囊位于右上腹肝脏下缘的胆囊窝内，该窝处于肝右叶下面。

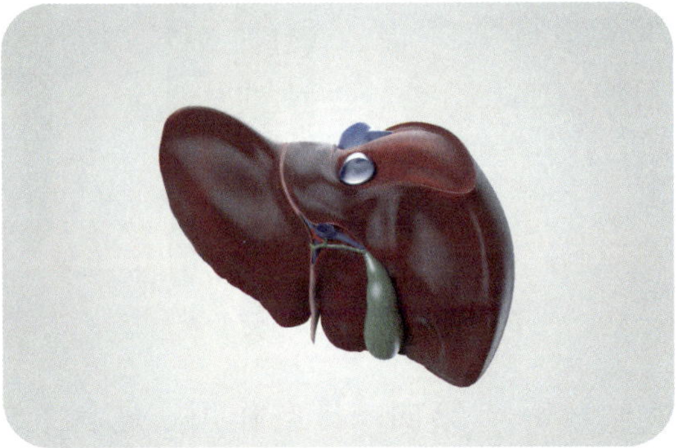

胆囊的主要功能有四个，分别为储存胆汁、浓缩胆汁、分泌黏液、排空作用。

第一，储存胆汁。当一个人的身体不处在消化时期时，胆汁就无用武之地了，它被储存在胆囊内，等待被需要的那一刻。当有食物需要被消化时，胆囊就将胆汁派送到它的战场，这也就是胆囊被称为胆汁“仓库”的原因。

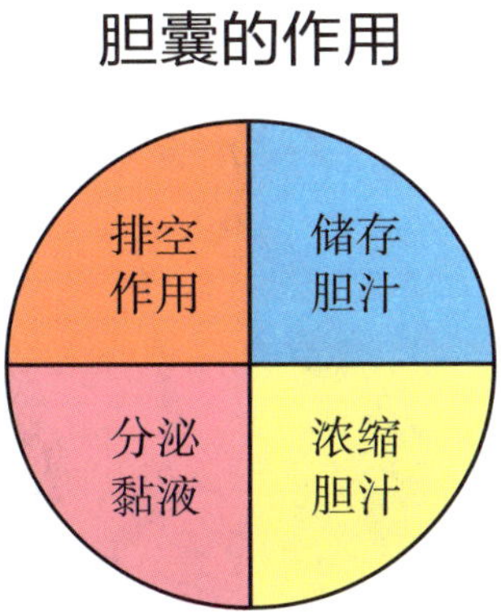

第二，浓缩胆汁。正是这个作用使得胆汁大变样，碱性变弱酸性，金黄色变深绿色。

第三，分泌黏液。胆汁属于“危险品”，稍不留神可能就会侵蚀溶解掉胆囊这个“仓库”的墙壁，为了有效避免这种危险情况，胆囊自主分泌黏液，靠着这每天分泌的200毫升稠厚黏液，有效保证了胆囊的安全。

第四，排空作用。进食3~5分钟后十二指肠受到刺激，向胆囊“下单”胆汁，促进了脂肪的消化和吸收，助力肠道排空食物。

胆结石是不是因为我们不小心吃了石头呢？

不是的，结石的成分虽然和普通石头相似，但并不是完全一样。

胆结石是我们人体自己形成的，它的形成过程分为析出、成核、沉积三个阶段。

第一步，挤出胆汁中的钙、胆色素、胆固醇，形成小球。

第二步，胆汁中的细胞碎片、金属离子、寄生虫等物质聚集成团，形成小核。

第三步，当胆汁没问题且流速和流量都正常时，小球和小核就会被冲走。但如果胆汁变黏稠或者量减少时，流速和流量无法带走小球和小核，日积月累，无数的小球和小核就形成了胆结石。

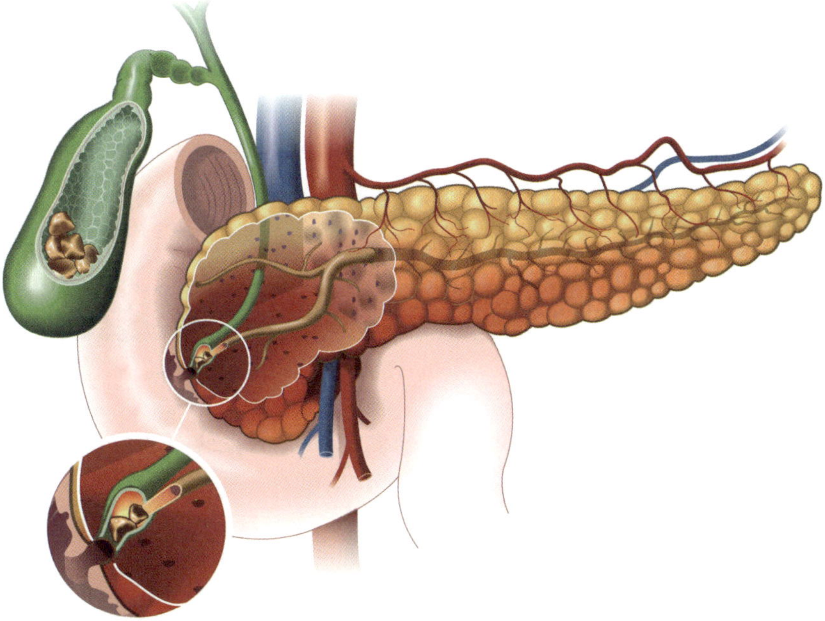

为了不让我们的身体出现这些小石头，我们一定要注意饮食，一定要记得吃早饭哦！

❺ 人体的奥秘：消化大将

最近在书本上认识了一位伟大的企业家叔叔，他叫乔布斯，可是他 56 岁就不幸离开了我们。好可惜呀！

乔布斯一手创立了苹果公司，确实是一位优秀的企业家。他是因为什么原因才这么早就离开我们的呢？

他不幸患上了胰脏肿瘤。

那我们来认识一下这位身体里神秘的隐士——胰脏。

胰脏是我们身体中最重要的消化代谢器官，它长约 12 厘米，重约 80 克，长得就像一串大而细长的葡萄。

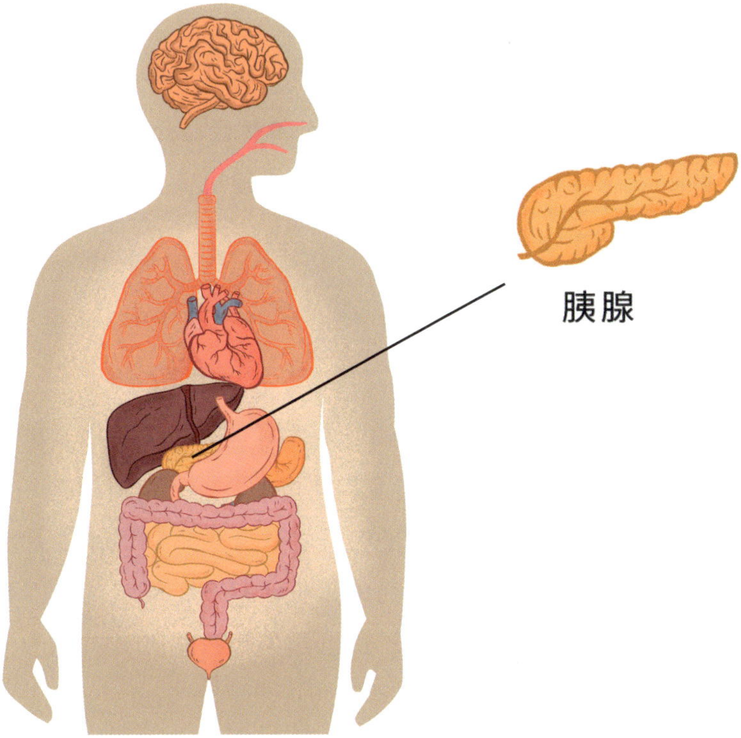

它横在胃的后面，又在脾脏和十二指肠之间。

作为人体内唯一一个既包含外分泌腺又包含内分泌腺的器官，它的结构是很特殊的。

胰脏有两个部分，一是外分泌腺，包括腺泡和腺管，腺泡可以产生胰液，进而通过腺管排出，排出后进入十二指肠，它所含有的胰蛋白酶等物质可以消化蛋白质、脂肪和糖。

二是内分泌腺——胰岛，胰岛就像大海中的岛屿，是胰脏内一堆又一堆的细胞构成的器官，可以产生胰岛素，从而调节糖代谢。

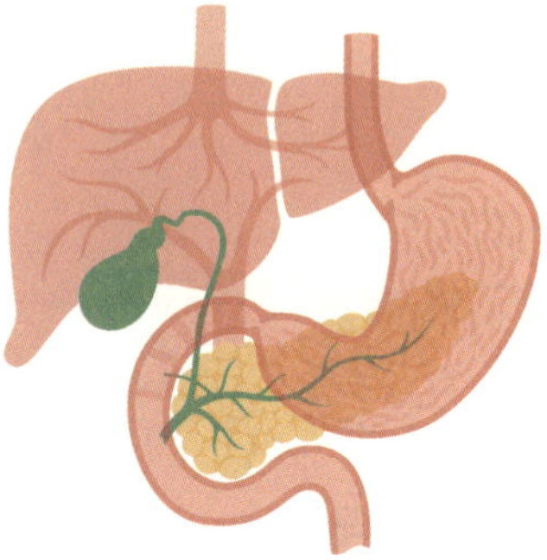

胰脏听上去是一个很复杂的器官，它能为我们的身体做些什么呢？

胰脏的功能可大了，我们就按内外分泌腺来讲一讲。

第一，外分泌腺，它所分泌的胰液中含有各种消化酶以及碳酸盐等碱性物质，可以中和我们的胃酸，使得我们体内的酸碱性可以达到一个平衡。其中胰酶的作用类似于剪刀，将大的营养物质分子剪切成小的片段，从而使我们的身体能更方便地吸收。食物中几乎所有产生能量的营养物质，都要通过胰酶的分解才能被人体吸收。这也是为什么胰脏会被称为消化大将的原因。

第二，内分泌腺也就是胰岛，它的数量仅占胰脏细胞的1%~2%，却是人体中唯一能分泌降糖激素的细胞。

我们日常生活中常见的糖尿病就是因为胰岛细胞的大量损伤而导致的。它所分

泌的胰岛素和胰高血糖素等，可以说是维持血糖正常的根本，只有胰脏功能无损，才能保证我们人体的正常活动。

那我们每天吃下去的主食类食物岂不是都需要胰脏辛苦地工作呀？

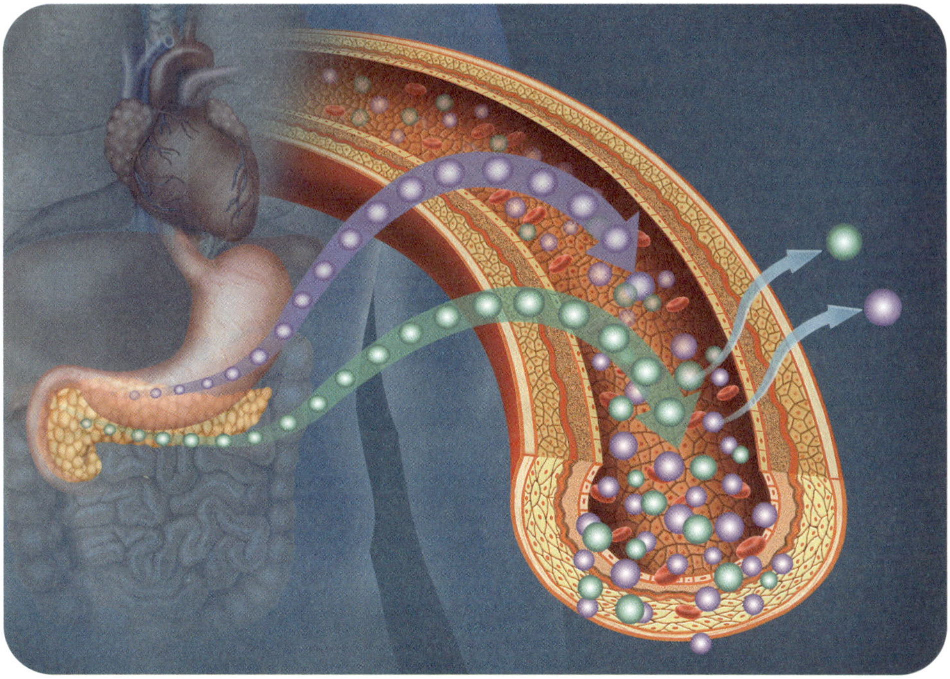

是的，我们吃下去的碳水化合物类食物都会转化成葡萄糖，随着血液循环而流动，它必须进入细胞才有可能转化为维持生命的能量，这个时候胰岛素就会发挥它核心的作用了。

更神奇的是我们的胰岛会分泌四种激素来调节新陈代谢，其中由 β 细胞分泌的胰岛素，以及由 α 细胞分泌的胰高血糖素，就好像电梯里下降与上升的开关，控制着血糖的高低。

胰岛素和血糖就好比钥匙和锁的关系，为了使葡萄糖顺利进入细胞转化成能量，以下三个条件必须得满足。

第一，细胞要有足够的受体，也就是说锁的数量要够。

第二，胰脏要分泌足够的胰岛素，也就是说钥匙的数量也要够。

第三，锁孔和钥匙需要契合和感应灵敏，一旦胰脏的运转功能下降，不敏感了，或者受体出现反抗，那么胰岛素的功能将被严重削弱，从而诱发高血糖。

如果真的出现了这个情况，那么人体会强迫胰脏过度工作，引发胰岛素抵抗应激状态，这会进一步导致肥胖、高血脂等，最严重的可能会引发脑卒中、冠心病等疾病。

胰脏这么重要，我们应该怎么保护好它呢？

只要规律饮食、适当锻炼，保持良好的生活习惯，就已经是在保护它了。还要多吃蔬菜水果，少喝咖啡、浓茶，切记不要暴饮暴食，不要饮酒，不要吃刺激性很强的食物，那么我们就可以在胰脏疾病来临之前，将它们扼杀在摇篮里了。

胰脏作为生命代谢的总阀门，它的运转机理精妙而又复杂，通过介绍，小朋友们对胰脏这个器官是不是也没有那么陌生了？

大家知道消化系统是由哪些部分组成的吗？

人体消化系统由消化道和消化腺两大部分组成，消化道包括口腔、咽、食管、胃、小肠及大肠等。消化腺分为小消化腺和大消化腺。小消化腺散在于消化道壁内，如胃腺、肠腺等。大消化腺位于消化道外，通过导管将分泌的消化液排入消化道，主要有唾液腺、肝脏和胰腺。

希望大家能通过本章理论的学习，掌握消化系统的组成及功能，具体学习胃、肝胆以及胰腺的位置、结构和功能，掌握食物消化的过程。

动手做一做

第一，核对一下手中的材料：4 个小碟子、胶带、笔、2 块苏打饼干、滴管、碘酒、计时器。

第二，把 4 个小碟子排成一排置于桌上，用胶带和笔分别标注为未咀嚼、30 秒、5 分钟和 10 分钟。

第三，把一块苏打饼干放在标有未咀嚼的碟子里，往饼干上滴一滴碘酒，会出现什么情况？

第四，把另一块饼干放在嘴里，咀嚼 15 秒，确保饼干变得很湿润。

第五，将咀嚼过的饼干平均分成三份，分别放入剩下的三只碟子中，等 30 秒后在对应碟子的饼干上滴一滴碘酒，会出现什么情况？

最后，分别等 5 分钟和 10 分钟后，在对应碟子里的饼干上滴一滴碘酒，又会出现什么情况？

大家知道其中的奥秘吗？

碘遇到淀粉会发生化学反应，变成深蓝色或黑色。唾液中含有一种酶，酶是一种特殊的化学物质，能加快化学反应的速度，在淀粉分子分解为糖分子时，酶能够起到辅助作用。

第10章

心脏传奇：血液循环的永恒律动

❶ 人体的奥秘：永不停息的心脏

我们的心脏为什么会永不停息地跳动呢？

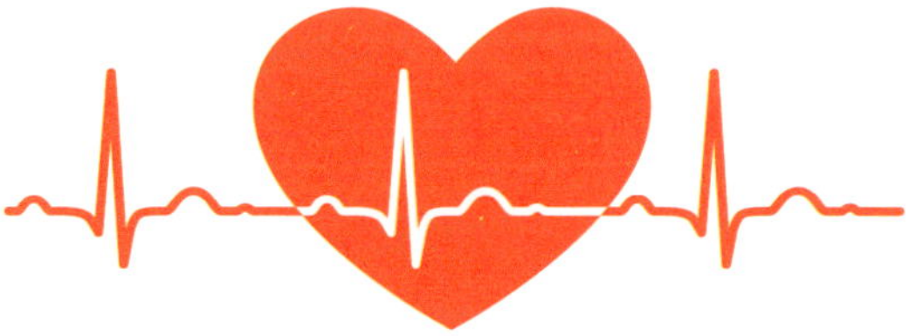

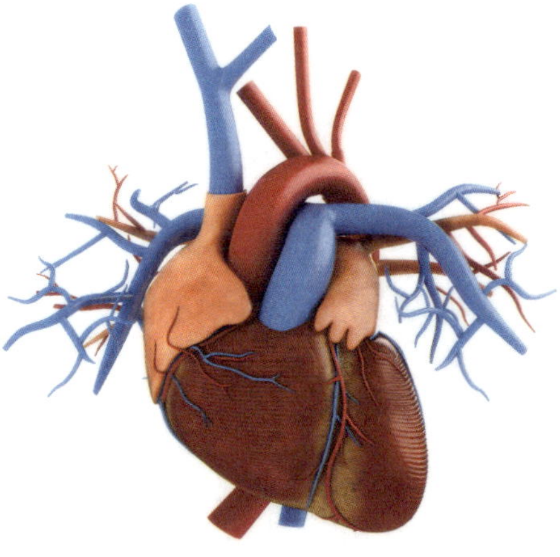

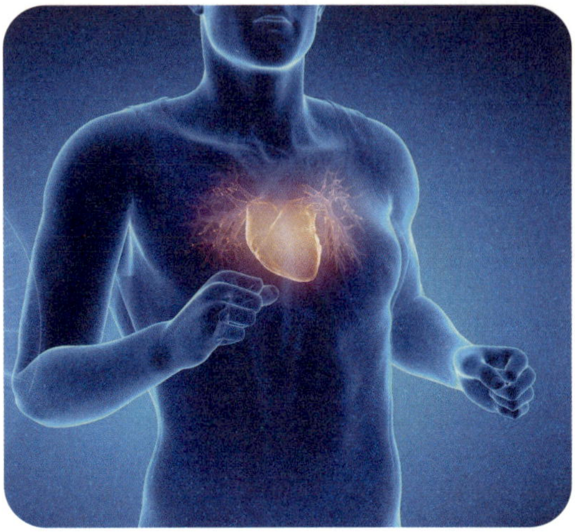

那就来了解一下我们人体内那颗永不停歇的心脏吧。

心脏是人体的生命之泵，一块小小的肌肉却连接着全身10万公里长的大小血管，它每天有规律地跳动着，把血液泵到全身各处，向各个器官和组织运送氧和营养物质，直到生命的最后一刻。

心脏位于胸部正中的左侧，在胸骨的下面，肋骨的内侧，是一个中空的肌肉器官，比我们自己的拳头稍大一些，形状像一个倒置的圆锥。

心脏内部就像一个大房间，被房中隔和室中隔分成互不相通的左右两间，每小间又被分成心房和心室，左边的叫左心房和左心室，右边的叫右心房和右心室。

每次跳动时，心脏会先放松，让血液流进心脏，然后心脏收缩，把血液挤入身体的其他部位，这时靠近别人的胸口倾听，会听到“怦怦”的心跳声。

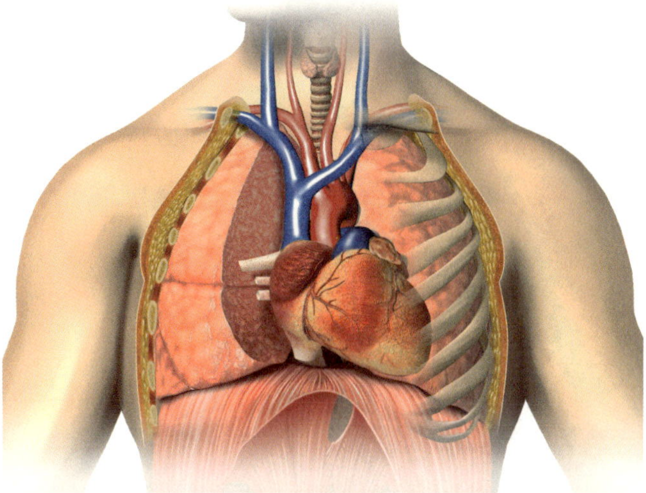

人在出生之前心脏就已经在跳动了，而且会一直跳到生命结束。

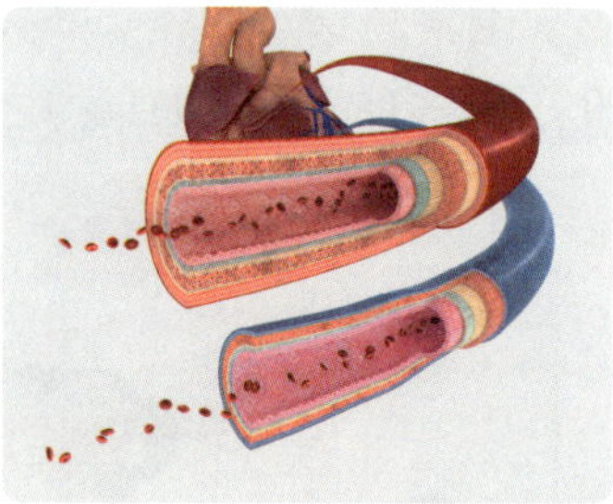

如果以每分钟心跳 60 次计算，一位 80 岁的老人家，心脏已经跳动 25 亿次了。

每个人的心脏跳动速度都不同，而且年龄越小，心脏跳动越快。

小朋友们的心脏跳得可比你们的爸爸妈妈都要快多了，这是为什么呢？

因为小朋友们正处于快速生长发育时期，每天的活动量较大，消耗的热量也比成年人多，需要更快的血液循环来支持，因此主管血液循环的心脏就会加快跳动了。

那心脏为什么会自动有规律地跳动呢？这是因为心脏内有一套特殊组织，包括窦房结、传导纤维、房室结等，它们可以自动发出冲动和传导冲动，引起心脏肌肉收缩。

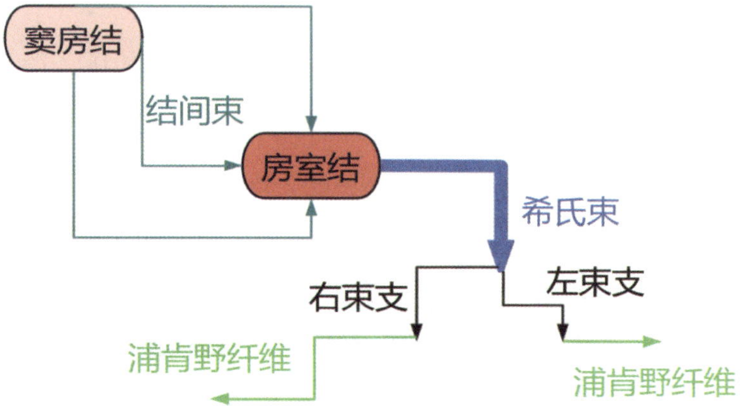

心脏这么重要，小朋友们可要好好保护我们的心脏。

有氧运动是锻炼心脏功能的最好方法，比如快走、慢跑、骑车、游泳、跳绳、爬山等多种方式，如果持之以恒，对改善心脏功能会有很大帮助。

此外，深蹲也可以增强心脏功能，深蹲动作可以增加回心血量，使心脏排血量增多。

那么我们应该怎样深蹲呢？

第一，取站姿，双脚分开与肩同宽，抬头挺胸，双目正视前方，双手胸前平举。

第二，双手平举保持平衡，挺直腰背屈膝，臀部向后下蹲，保证膝关节和脚尖处于同一方向，还原第一步后，重复20组。小朋友们快去试一试吧！

还可以从饮食方面保养好心脏。

第一，控制饭量。如果一顿吃得太多，会增加心脏负荷，但也不能吃太少。

第二，多吃蔬菜。有益心脏的蔬菜和水果有芹菜、海带、木耳、草莓、樱桃等。

第三，多吃粗粮。可以选择燕麦、糙米、红豆等替换一部分细粮，保证营养均衡。

第四，少吃盐。小朋友们要提醒爸爸妈妈做菜时少放些盐。

第五，少吃油腻的食品。炸鸡、炸薯条确实好吃，但出于健康考虑，应尽量少吃。

每天要减少久坐的时间，多出去运动，呼吸新鲜空气，因为长时间的久坐会影响血液循环。

情绪管理也很重要，多做深呼吸可以放松我们的情绪，减少不良情绪对心脏的负面影响。

心脏对我们非常重要，小朋友们可要按照上面的方法去好好保护我们的心脏。

❷ 人体的奥秘：泵血机的运作

都说我们的身体是血肉之躯，那这么多的血液在我们的身体里面是怎样运转的呢？

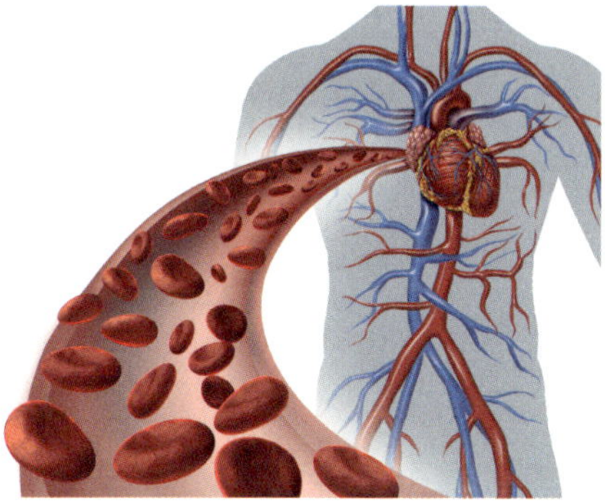

那我们来讲讲血液在体内的循环，将涉及心脏这个人体泵血机的工作原理。

在讲解血液循环之前，我们需要先了解血液的相关知识。血液对于人体有着至关重要的意义，其重量在正常成年人体内约占体重的 7% ~ 8%。

在人体内循环流动的血液，可以把营养物质输送到全身各处，并将人体内的废物收集起来，排出体外，可以说是我们体内最为勤劳的工作者了。

当血液流出心脏时，它把氧气输送到全身各处，当血液流回心脏时，它又将机体产生的二氧化碳和其他废物输送到排泄器官，进而排出体外。

血液还具有保护身体的功能。当有微生物入侵时，血液中的 B 淋巴细胞会产生一种叫"抗体"的特殊蛋白质，这些抗体在血液中循环，参与免疫反应。同时，血液中的白细胞（如中性粒细胞和巨噬细胞）会识别并吞噬、消灭这些微生物。此外，血液中的凝血因子和血小板会在受伤时形成血栓，帮助堵住出血的伤口，直至伤口愈合。

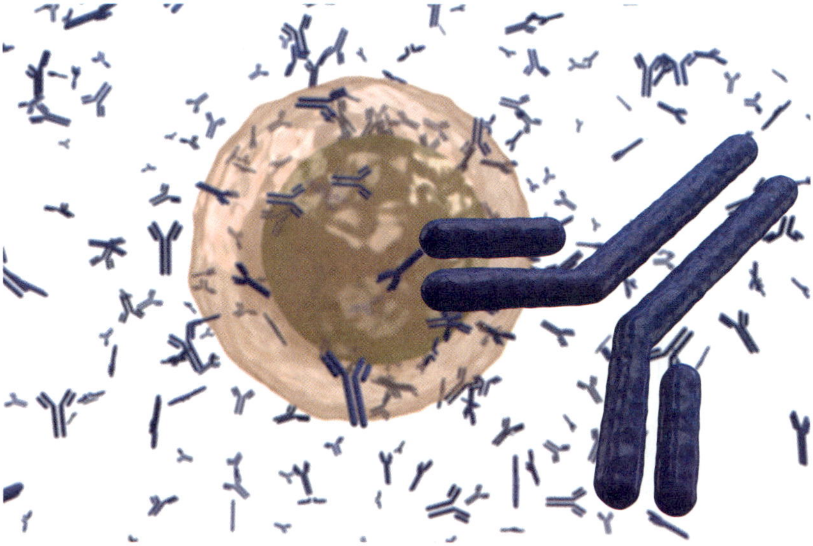

原来血液的力量这么大呀，那血液循环又是怎么实现的呢？

要了解血液循环，我们首先要了解心血管系统。顾名思义，它包括心脏和血管，心血管系统是一个完整的封闭的循环管道，它以心脏为中心，通过血管与全身各器官、组织相连，血液在其中循环流动，从而形成完整的血液循环系统。

第一，心脏是一个中空的肌性器官，它不停地有规律地收缩和舒张，不断地吸入和压出血液，保证血液沿着血管朝一个方向不断地向前流动。由此我们也可以形象地称它为“泵血机”。

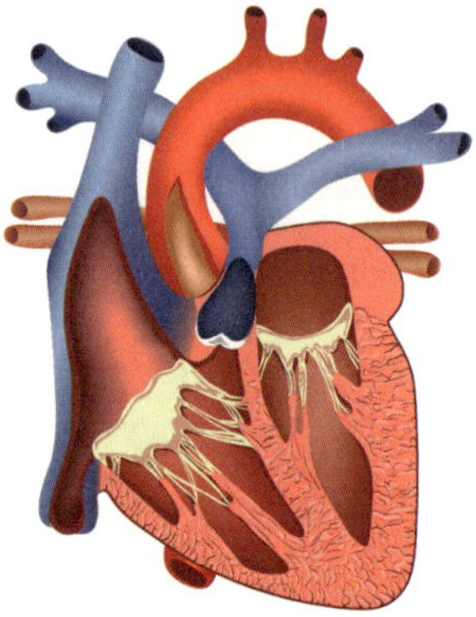

第二，血管是运输血液的管道系统，包括动脉、静脉和毛细血管。动脉从心脏发出，经过反复分支，最终形成毛细血管前的小动脉。毛细血管呈网状分布，进行血液与组织间的物质交换。随后，毛细血管汇集成小静脉，再逐步汇集成大静脉，最终返回心脏。

这就是血液循环系统的主要组成部分及其功能。心脏通过泵血推动血液在这些血管中流动，完成全身的物质交换和氧气输送。

下面讲讲血液循环具体是怎样发生的。

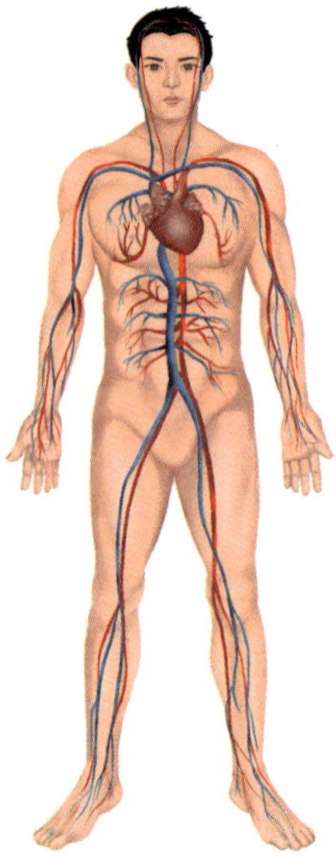

血液循环是由体循环和肺循环两条途径构成的双循环，血液由左心室射出，经主动脉及其各级分支流到全身的毛细血管，在此与组织液进行物质交换，再经各小静脉、中静脉，最后经过上下腔静脉及冠状窦流回右心房，这一循环为体循环。

体循环可以供给组织细胞氧气和营养物质，运走二氧化碳和代谢产物，使动脉血变为静脉血。

血液由右心室射出经肺动脉干的各级分支到肺毛细血管，再次与肺泡进行气体交换，吸收氧气并排出二氧化碳，静脉血变为动脉血，然后经肺静脉流回左心房，这一循环为肺循环。

血液循环这么复杂，是不是我们一刻都离不开的呀？

那是肯定的，血液循环是生命存在的必要条件，一旦停止，机体各器官组织将因失去正常的物质转运而发生新陈代谢障碍。重要器官如大脑、心脏和肾脏将受到严重损害，尤其是对缺氧高度敏感的大脑皮层。通常情况下，大脑缺氧 3~4 分钟后，人会丧失意识，缺氧 4~5 分钟后，可能会发生不可逆的脑损伤，缺氧 10 分钟后，大多数情况下会导致严重的脑损伤或死亡。需要注意的是，这些时间点是一般估计值，实际影响可能因个体差异而有所不同。

所以在医学上进行心脏外科手术时，采取体外循环方法，保持病人全身血液不停地流动。对各种原因造成的心脏骤停病人紧急采用的心脏按压等急救方法，也是为了代替心脏的自动节律性活动，以达到维持循环和促使心脏恢复节律性跳动的目的。

原来血液循环对一个人的作用有这么大呀，那我们更得好好保护、守护生命的泵血机——心脏！

血液循环系统

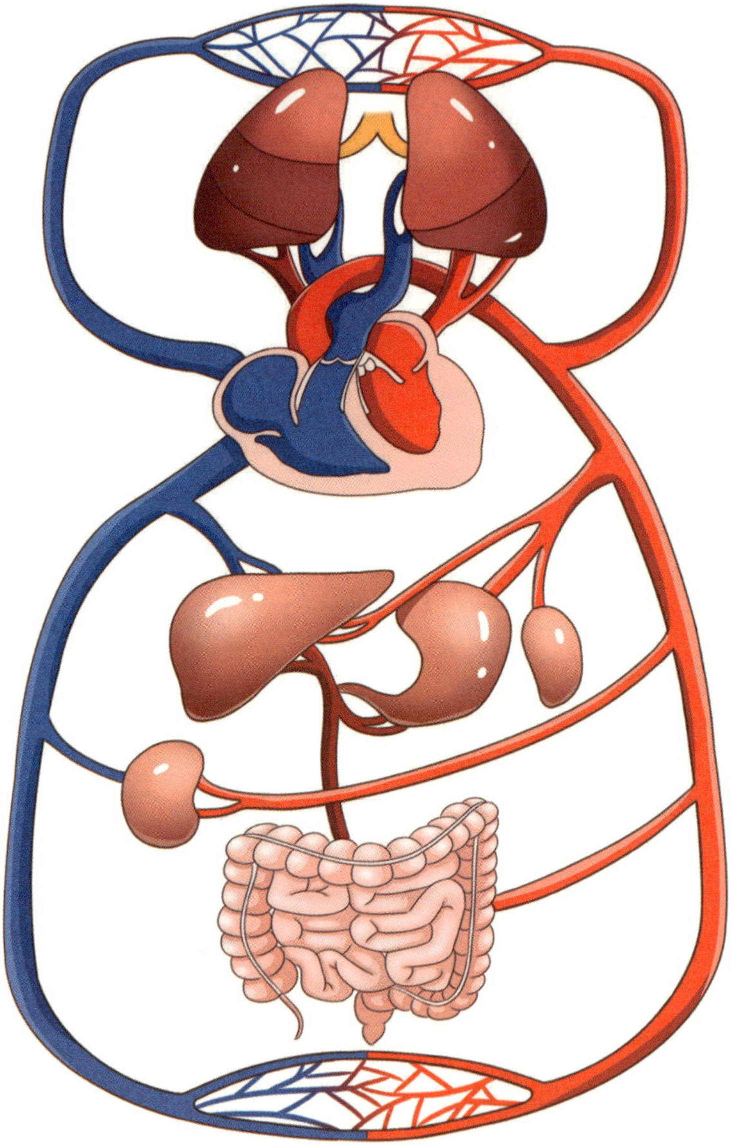

关于血液循环我们就了解到这里。

通过本章理论的学习，希望大家能够掌握心脏的结构、功能、生理意义，掌握血液循环的基本概念、原理、活动过程。

实验小链接

这次要完成的人体实验叫作“血往低处走”。

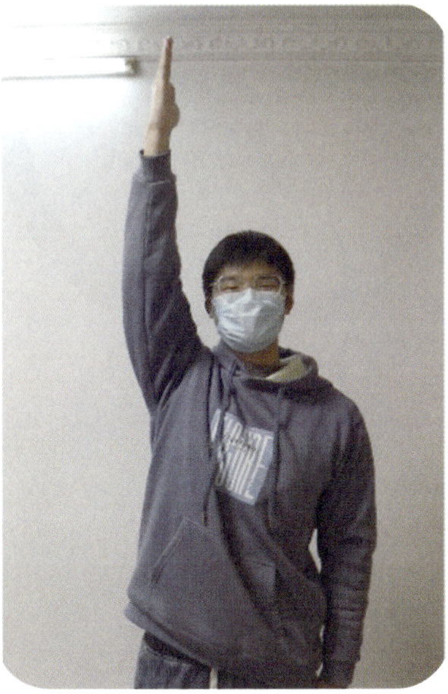

首先，将一只手臂向上举起，将另外一只手臂垂向地面，坚持一分钟。

接下来比较两只手的颜色，说说你的观察吧。

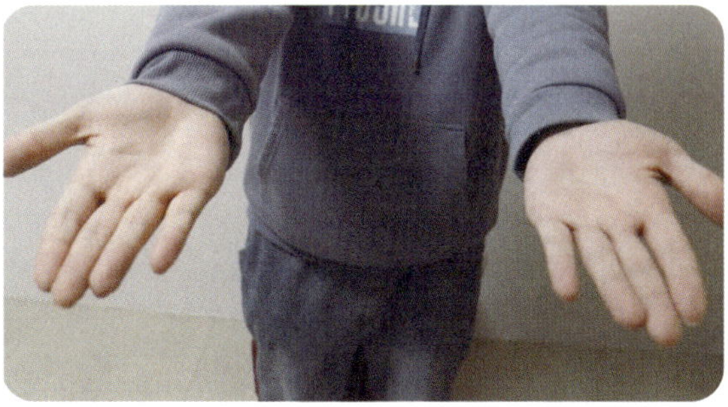

大家知道其中的奥秘吗？

指向空中的手颜色发白，这是因为血液很难被输送到高处，而垂下的那只手颜色更加红润，这是因为血液很容易向下流动。

动手做一做

第一，核对一下手中的材料：1 米长的橡皮管、漏斗、胶带、计时器或带有秒针的手表。

第二，把橡皮管套入漏斗底端，如果漏斗与橡皮管口径不合，用胶带将接口封牢。

第三，把橡皮管的另一端贴近耳边，把漏斗置于你的心脏位置，如果你没有立即听到什么声音，不要着急，慢慢在胸部移动漏斗，找到搏动声音最响的位置，描述你听到的声音，并用计时器来数一数一分钟内你心跳的次数。

第四，用这个自制的简易听诊器来听听小伙伴的心跳，让小伙伴用漏斗抵住他自己的胸膛。小伙伴的心跳声与你的一样吗？

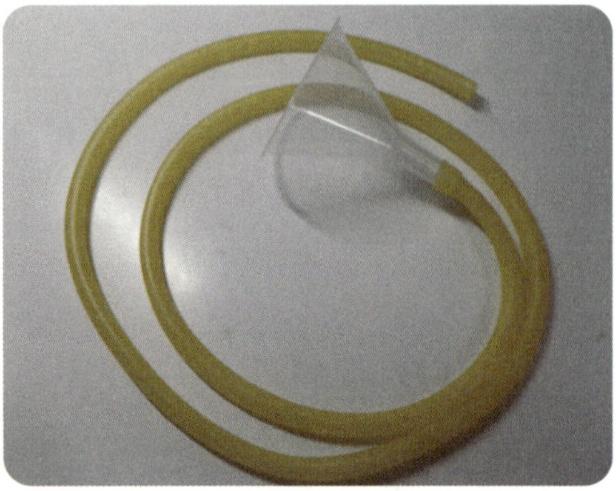

第五，请小伙伴原地跑两分钟，然后再听听他的心跳，运动一结束，立即记录他每分钟的心跳次数，过五分钟再数一次。

第六，小伙伴跑步后的心跳声音有变化吗？跑步后与平静时每分钟的心跳次数一样吗？

因为运动时肌肉需要更多的氧，为了满足这个要求，心脏会跳得更快，增加血液流动，为肌肉提供营养素和氧。心率增加的幅度取决于运动的强度和时间长短。

第11章

动起来：骨骼、关节的活力舞蹈

❶ 人体的奥秘：人体防护架

下蹲或者站起来的时候，有时会听到关节发出“噼啪”的响声，这是怎么回事呢？

大家先来了解一下我们人体的骨骼吧！

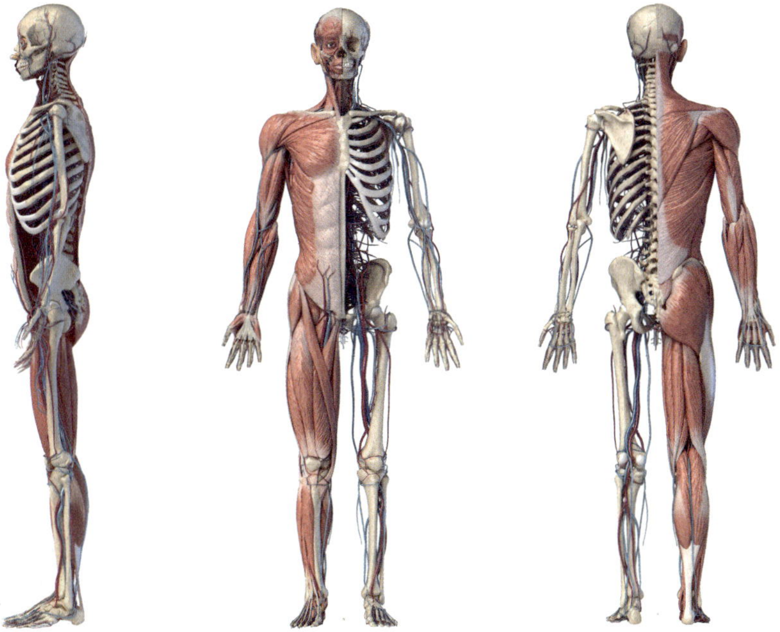

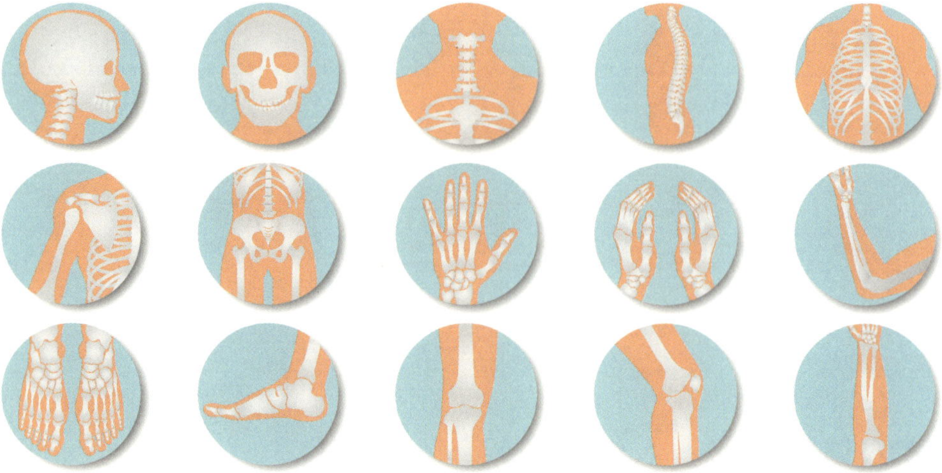

与房屋、轮船、机器等物体一样，人体也有支架，只不过人体的支架不是由钢铁建成的，而是由骨骼构成的。人体的骨骼支撑着整个身体，并且保护着我们的大脑和内脏等器官，使其不易受伤。

通常成年人的骨骼是由 206 块骨构成的，大体可分为中轴骨与附肢骨两组。

中轴骨主要指颅骨、脊柱与肋骨，共 80 块骨，其余都是附肢骨。附肢骨包括上肢骨和下肢骨，它们是人体运动系统的重要组成部分。

这些骨骼周围附着肌肉，并通过关节相互连接。例如，膝关节位于股骨和胫骨之间。关节是两块或两块以上骨骼的连接处，由一种称为韧带的坚韧结缔组织维持在适当的位置。尽管大多数关节都能自由活动，但每个关节都有其特定的运动范围。

骨骼是一种可生长的组织，具有自行修复的本领，骨通过成骨细胞生出新骨，通过破骨细胞破坏旧骨的方式不断进行自我改造。

骨不但坚固，而且重量也很轻，骨比钢还要坚固，却只占人体体重的20%。人体的每一块骨头都由骨膜、骨质和骨髓三部分组成。

骨髓的重要功能就是生成干细胞，这些干细胞通过分化再生成各种血细胞，如红细胞、白细胞、血小板、淋巴细胞等。人体内的血液始终处于新陈代谢过程中，老的细胞被清除，新的细胞不断诞生。

人的骨骼非常坚硬，人之所以能够活动自如，关键在于拥有关节。有的关节很大，足以承担人体的全部重量（如膝关节和髋关节）；有的关节很小，甚至肉眼难以看见（如某些腕关节和指关节）。正是有了这些关节，我们的身体才能做出各种各样的动作。

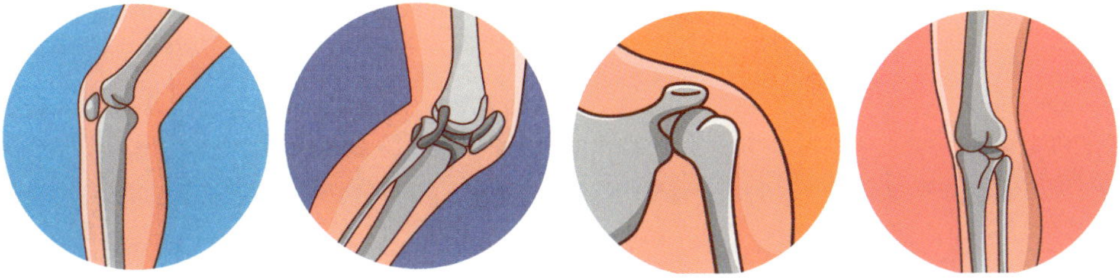

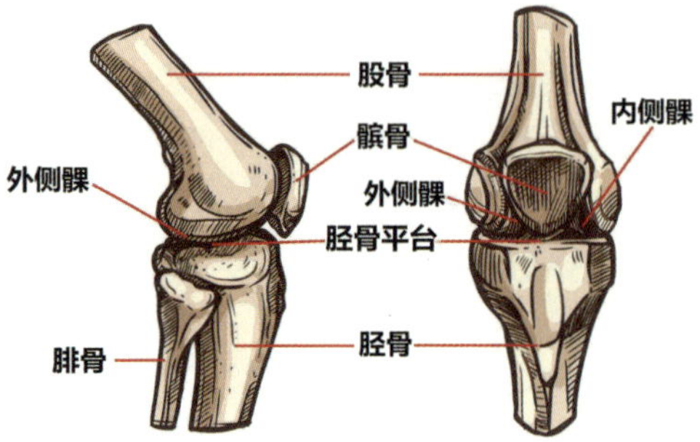

关节一般由关节面、关节囊和关节腔三部分构成。

两骨相邻的接触面称为关节面，一般为一凸一凹状，凸面称为关节头，凹面称为关节窝。关节囊是附着在关节面四周的结缔组织。关节腔是关节囊内、关节面之间的腔隙，内有少量的滑液，有助于关节的稳定。关节可以分为固定关节、半动关节和活动关节，事实上人体内的大多数关节都是活动关节。

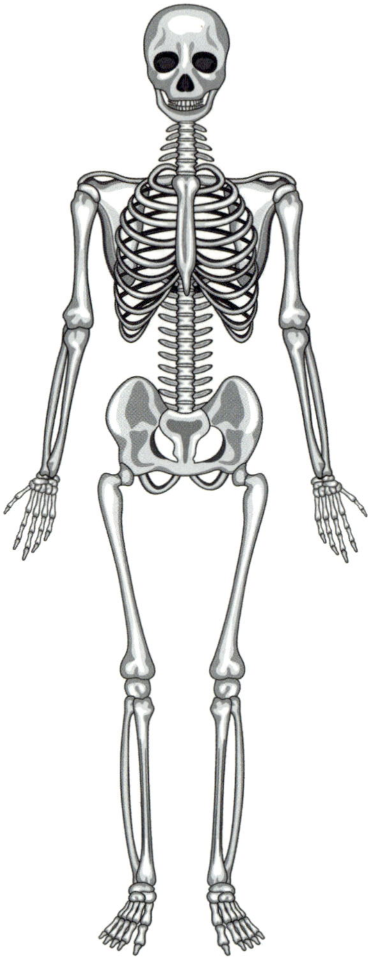

在生长发育过程中，小朋友们可能会出现的短暂性的肢体关节疼痛叫作生长痛。疼痛部位最常见的是膝关节附近的软组织或肌腱，其次是大腿和小腿部位。每次持续数分钟至半小时可自行缓解，等小朋友们身体发育成熟后，生长痛会自然消失。

那么蹲下时的“噼啪”响声是怎么回事呢？

关节“噼啪”作响的原因，其一是润滑关节的液体中有气泡爆裂，其二是韧带像琴弦一样紧绷在关节骨上，关节收缩时会从骨头的一面滑到另一面，弹击关节骨发出响声。

小朋友们要到 21 岁脊柱才能完全成型，因此各种不正确的坐、立、行的姿势如低头走路、歪头扭身写字等都可能导致脊柱的变形。

坐姿不正，尤其是脊柱不正，会造成椎间盘受力不均匀，成为腰椎间盘突出的根源，所以小朋友们要保持正确的坐姿。

正确的坐姿应是头部、颈部不要往前倾，上身挺直收腹，下颌微收，两下肢并拢，膝盖呈 90 度弯曲，腰背紧贴椅背，这样椅背可以承担躯体的部分重量，减少腰背劳损的机会。

❷ 人体的奥秘：人体的中坚力量

老师在课堂上经常强调不要驼背，坐得端正，可以保护我们的脊柱。

脊柱

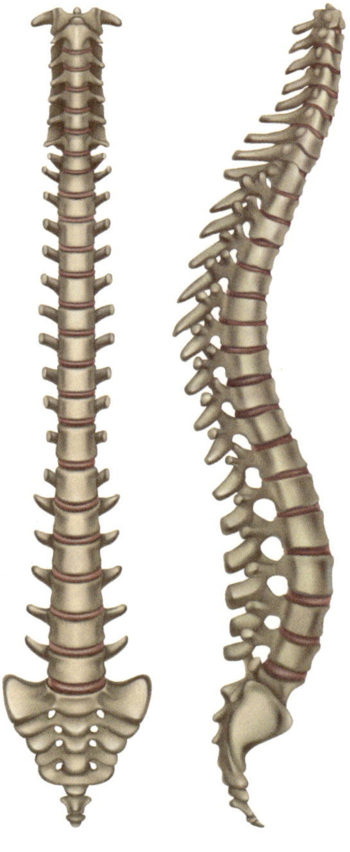

脊柱是什么样的呀？

脊柱是身体的支柱，位于背部中央，上端通过寰椎和枢椎与颅骨连接，下端通过骶骨与尾骨连接。脊柱由椎骨组成，这些椎骨通过椎间盘和韧带连接在一起，形成一个既坚固又具有一定柔韧性和灵活性的结构。这种结构使得脊柱能够支撑身体重量，保护脊髓，并允许身体进行各种弯曲和扭转动作。

脊椎的中间保护着人体神经中枢的一部分——脊髓，它和大脑相连接，负责接收或者传递信息。

脊柱包含脊椎、韧带、脊髓等结构，能够支撑躯干，使我们走路时保持平衡，可以保护内脏，在我们跳跃的时候避免大脑受伤，还能帮助我们做一些运动呢。

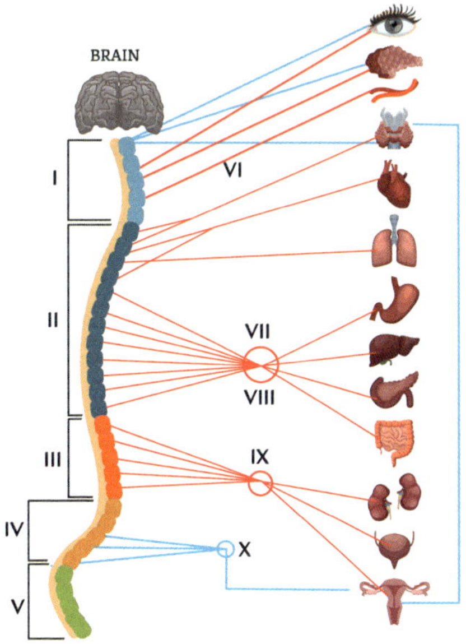

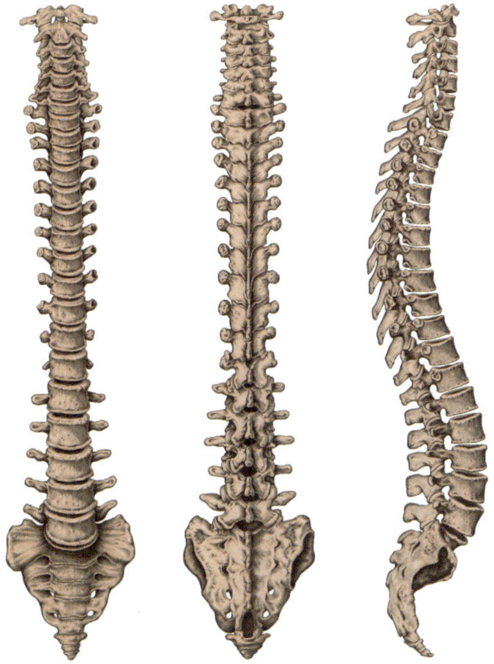

随着年龄的增长，脊椎不会变多，反而会减少。婴儿的脊椎有 32 块或者 33 块，成长过程中有些脊椎会融合在一起。其中 5 块骶椎会形成一块骶骨，3 块或 4 块尾椎形成一块尾骨，所以成人的脊椎一般有 26 块椎骨。

脊柱的活动对全身功能至关重要。相邻两块椎骨之间的运动范围有限，但整个脊柱的总体运动范围则很大。脊柱分为颈椎、胸椎、腰椎和骶骨（以及尾骨），各段的运动形式和范围有所不同。

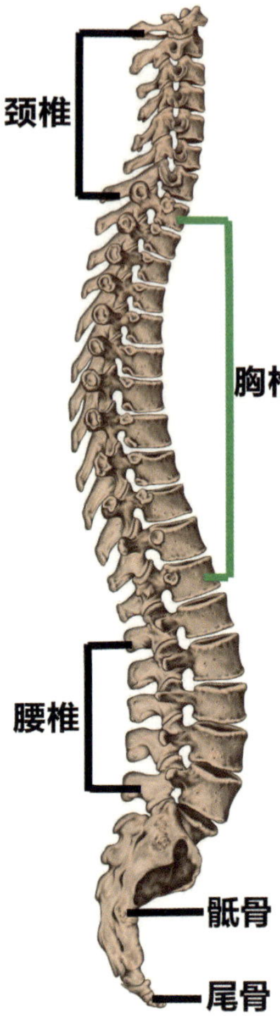

颈椎是脊柱最上方的 7 块椎骨，位于脊柱的顶端，处于头部与胸部之间，是大脑与躯干的交接之处，堪称人体的“十字路口”。颈椎十分灵活，活动频率高，其主要功能是向上支撑头部，使头部能进行多方向的灵活转动；向下与胸椎相连，并通过脊柱整体与后背、腰腹建立结构上的延续和功能上的关联。同时，颈椎还为上肢提供重要的神经和血管通道，对上肢的感觉、运动等功能起着至关重要的作用。

胸椎由 12 节椎骨构成，位于脊柱中间，与肋骨共同构成胸腔，保护胸腔内的器官（如心脏和肺）。不同胸椎段影响不同区域。第 1 节到第 4 节：主要影响心脏和肺。第 5 节到第 8 节：部分参与上腹部的神经支配，但主要还是影响胸部下部。第 9 节到第 12 节：部分参与下腹部和盆腔的神经支配，但主要是通过交感神经链影响这些区域。胸椎神经受压可能导致疼痛、麻木或感觉异常。

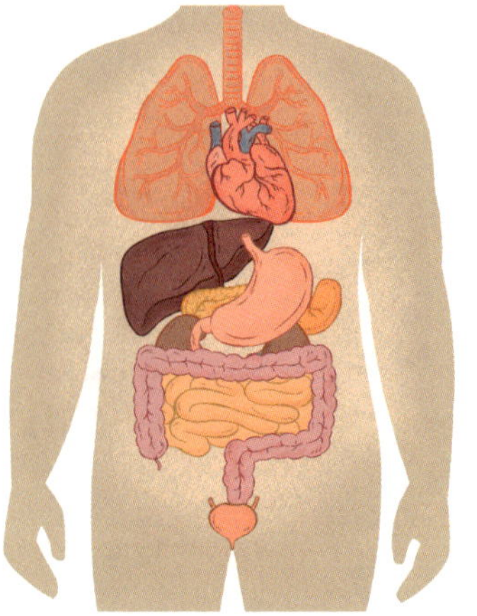

在脊柱中，椎间盘是极为重要的结构。椎间盘位于相邻脊椎之间。它们像弹性软垫一样，对脊柱起着缓冲和保护作用，同时帮助脊柱保持稳定性和灵活性。人体共有 23 个椎间盘。

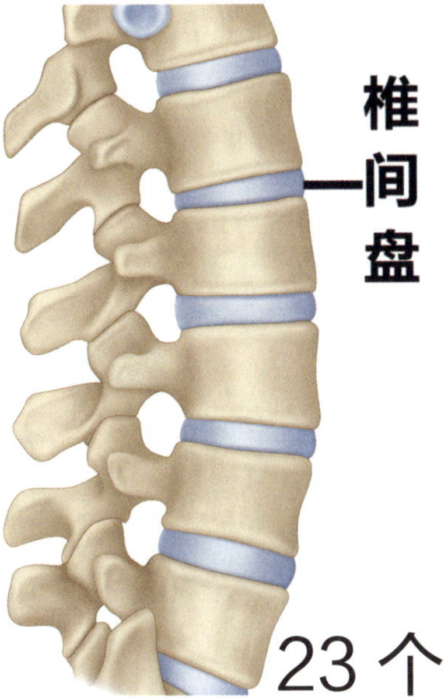

椎间盘内部有一种流动的黏弹物质叫髓核，其主要成分是水分，约占 80% 至 90%，其余成分包括胶原纤维和酸性黏多糖（如蛋白多糖）。髓核通过其黏弹性和水分含量来吸收外来的冲击力，并通过纤维环的限制来调整关节运动，从而帮助身体平衡受力。

小朋友正在长个的时候，如果经常坐不端正、站不直，脊柱的发育就会出现问题，不仅影响身高，严重的还会阻碍一些重要器官的发育，因此要好好保护我们的脊柱。

当我们坐下来学习的时候，正确的坐姿是腰背自然地挺直，身体和桌子距离一拳（约 10 厘米）左右，写字时眼睛和书本距离一尺（约 33 厘米）远，这样既可以保护脊柱，也可以预防近视。

还要注意不背过重的书包，书包太重会把身体往后拉，如果书包一直过重，颈椎也会容易受损伤。

如果背单肩书包，为了让书包不滑落，脊柱会调整，让肩带所在的一侧比另一侧高一点，这样背上的肌肉不能对称发力，站姿就会歪斜，形成脊柱

侧弯。我们应该挑选宽肩带的书包，并尽量减轻书包内的物品重量，采用双肩背负方式，使重量均匀分布在双肩上。青少年的脊柱侧弯需要早发现、早治疗、早预防。

驼背是脊椎生长异常的一种症状，每个年龄段都有可能出现。儿童或者年轻人可能由于骨骼类疾病诱发产生驼背，长期久坐或者错误坐姿也会引起驼背。年纪大的人常常由于骨质疏松或者椎间盘退变导致驼背。如果一直驼背容易引发身体发育或者心肺功能异常等，一定要及时矫正治疗。

平时我们可以通过经常活动锻炼，减少对脊椎的伤害。在学校里课间要外出活动，舒展一下久坐的身体。在家学习写作业的时候，可以做一下脊椎的拉伸动作，伸展自己的背部，除了经常走动，站立也是一种非常不错的放松脊椎的方法。

关于脊柱的知识我们就了解到这里。

❸ 人体的奥秘：万能的手

给大家出个谜语：2棵小树10个杈，不长叶子不开花，能写会算还会画，天天干活不说话。

答案是双手，你们有没有猜对呢？

下面一起来认识一下我们的双手吧！

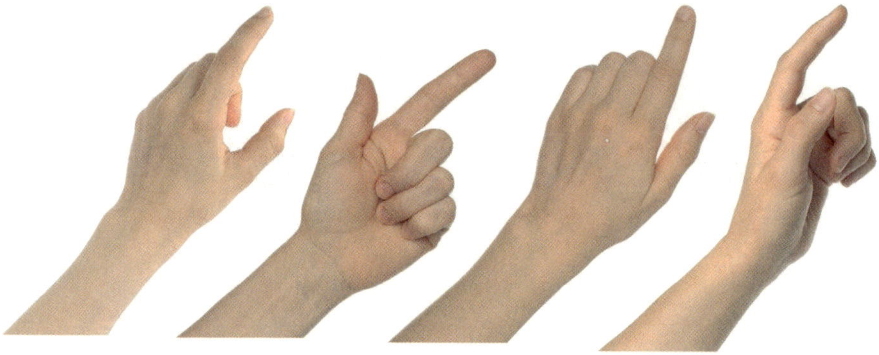

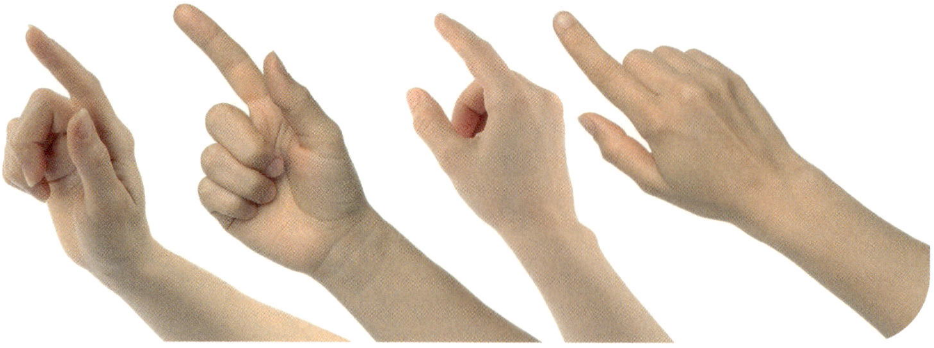

手的功能非常强大，几乎是万能的，我们有了手就能够照顾自己的生活起居，能进行各种劳动，能写字、画画、弹奏，还能参加各种体育运动。我们仅仅依靠手就可以做出许许多多的动作来，手也是最勤劳的，除睡觉以外双手几乎从不休息。

可奇怪的是，手指在持续活动之后很少会感觉到疲劳，不像其他部位那样常常发酸。

正常人的手都有 5 个手指，除大拇指外，其他手指都有 3 节。事实上大拇指也是有 3 节的，只是第 3 节已经下移与掌骨融合在了一起，所以只能显出两节。

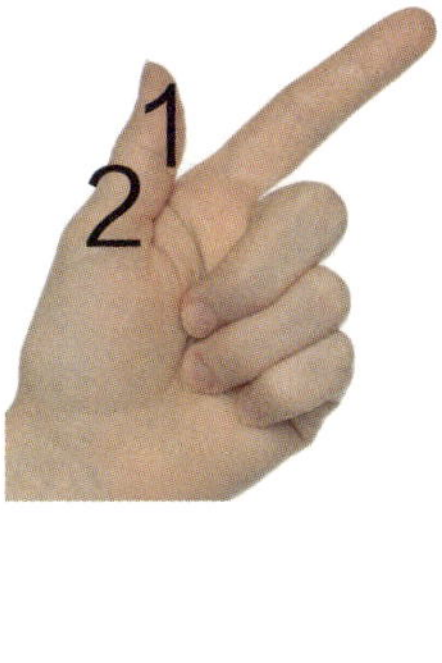

人的 5 个手指中大拇指的功能占全手功能的一半以上，是用得最多、最重要的手指，它既能独立活动，又能接触掌心的绝大部分，还可以和其他手指配合完成各种动作。人们拿筷、握笔、刷手机时都有大拇指的一份功劳。没有大拇指，手的本领会被大大削弱。

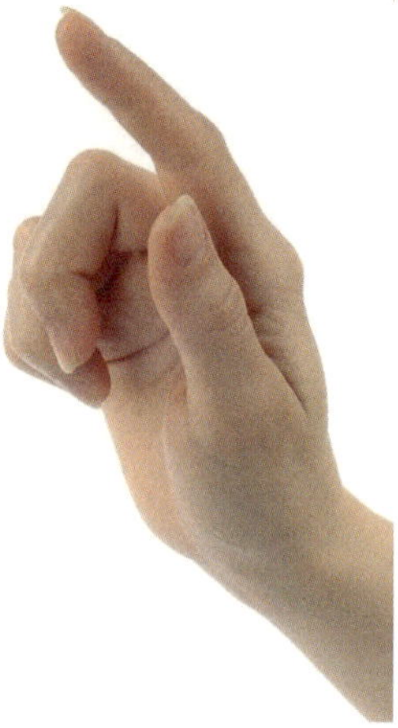

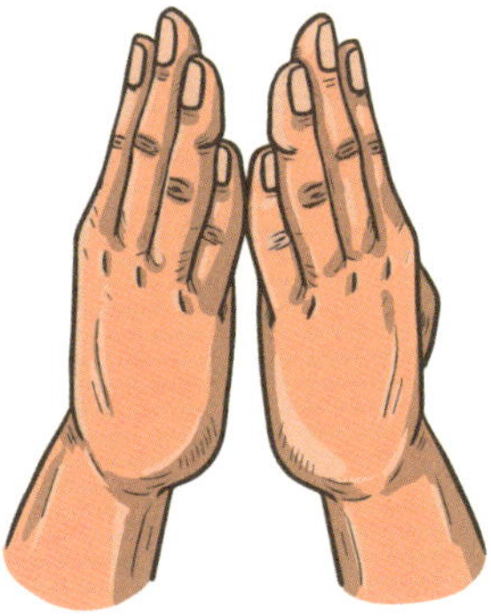

我们通常所说的指甲，包括手指甲和脚趾甲。指甲和头发一样，都是由角蛋白组成的皮肤附属器，保护着人体的手指和脚趾。

指甲既然有保护作用，是不是越长越好？

当然不是了。第一，指甲长容易藏污垢，而且会滋生细菌，不但危害健康，给人的印象也不好。

第二，运动的时候，尤其是打篮球、打排球等运动，长指甲非常容易受伤。

第三，指甲留长了，日常生活中做很多事情都不太方便，有时还会不小心掀翻手指甲，非常疼痛。

第四，如果留长指甲的话很容易划伤别人。

小朋友们能理解为什么进入学校的时候，老师要检查小朋友们的指甲了吧！

我们的手上还有什么呢？快仔细看看自己的小手吧！

其实我们的手上还有独一无二的指纹，指纹分好几种不同的类型，纹路看上去像水中漩涡的叫斗形纹，纹路向一边开口如簸箕似的叫箕形纹，纹路像弓一样的叫弓形纹。每个人的纹路除了形状不同之外，纹形的多少和长短也各不同。世界上没有两个指纹完全相同的人，所以指纹也是每个人独一无二的身份证。

指纹在胎儿发育的第三到第四个月开始形成，并在第六个月左右基本定型。当婴儿长大成人后，指纹的纹路保持不变，但指纹的大小和细节可能会随着手部的生长而放大和增粗。

我们的手是万能的，正是因为我们做很多事情的时候都会用到手，手就会接触到各种各样的细菌，如果不及时正确洗手，我们的手就会把细菌病毒通过眼睛、鼻子、嘴巴带到我们的身上造成感染。因此采取正确的方法并勤于洗手，可以有效地保护我们的身体。

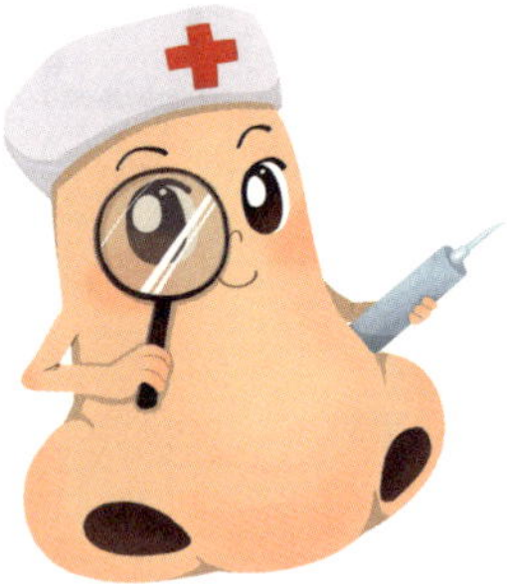

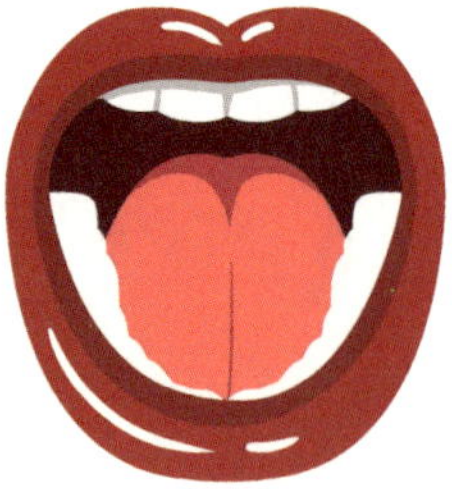

在流动的水下，使双手充分淋湿，取适量洗手液或者肥皂，均匀涂抹至整个手掌、手背、指甲缝和指缝，按照七步洗手法认认真真地揉搓双手：第一，掌心相对揉搓；第二，手指交叉，掌心相对揉搓；第三，手指交叉，掌心对手背揉搓；第四，弯曲手指关节在掌心揉搓；第五，拇指在掌中揉搓；第六，指尖在掌心中揉搓；第七，螺旋式擦洗手腕。

每个步骤至少要重复 5 次，尽可能使用能够抑制细菌滋生的洗手液，洗手时要稍加用力，使用流动的清水，并且用一次性纸巾或者已经消毒的毛巾擦手。

关于手的知识我们就了解到这里。

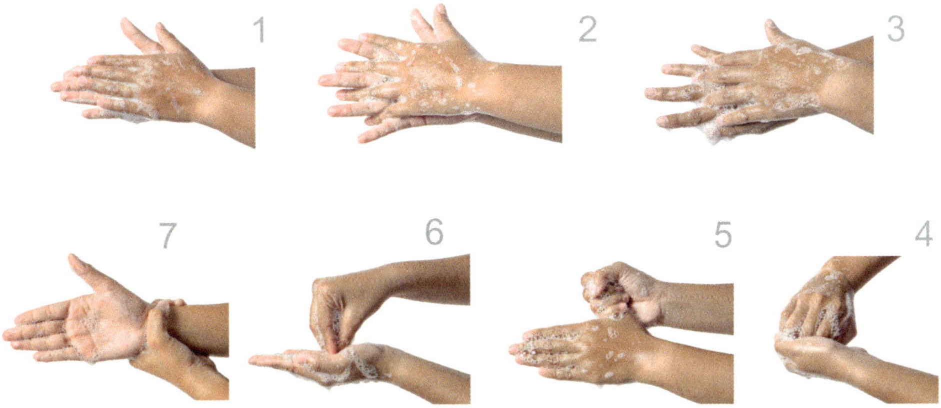

❹ 人体的奥秘：灵活的脚

走路不小心踩空扭到脚了，很痛，这是怎么回事呢？

那我们来了解一下支撑我们整个身体的脚。

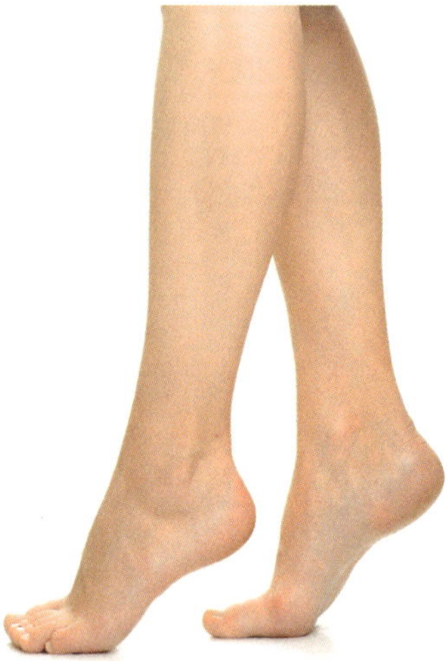

脚是支撑人的全部体重和保持身体平衡的重要组成部分。

脚由足弓、脚跟和脚趾组成，每个人的脚的骨骼由许多小的骨节组成，在脚趾处的骨骼更加细小。

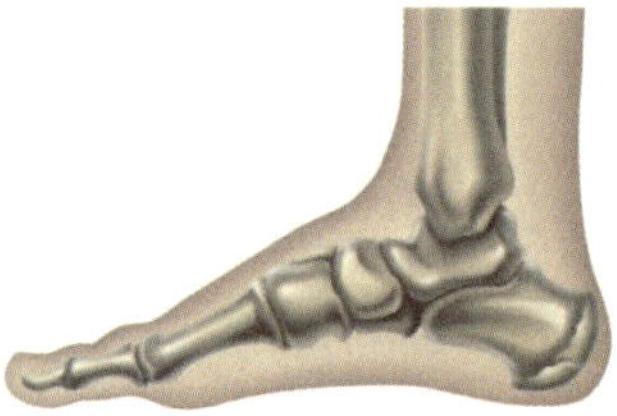

人的一生大约要走 18~20 万千米的路，相当于绕地球赤道 4.5~5 圈。这么大的运动量都依靠我们灵活的双脚来完成，脚可以说是人体最重要的负重器官之一。无论是走路、奔跑还是静止站立不动，我们的脚每天都要承受巨大的压力。以一个 70 千克的人为例，每天步行约 7000 步，每步的冲击力约为体重的 1.5~2 倍，总承重力可达 735 吨。因此，脚不仅是我们最有活力的运动器官，也是最辛苦的运动器官之一。

古希腊有个神话故事，阿喀琉斯还是婴儿的时候，他母亲希望自己的儿子能够刀枪不入，于是抓着他的双脚浸入冥河中，铸就了强大的肉身，但是因为他的双脚没有浸入冥河中，最后脚部中箭身亡。神话固然不可信，但这个故事也告诉我们，人的脚较容易受伤。

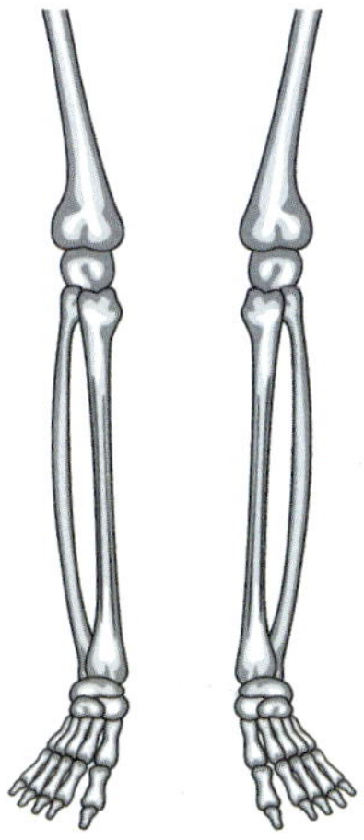

足部的跟腱因为没有丰富的血液供应，所以很容易发炎或受伤。如果鞋子太紧，可能会摩擦并刺激跟腱，导致炎症。如果在运动中用力过猛，跟腱可能会部分或完全断裂。跟腱断裂后，通常需要打石膏固定或进行手术修复，并进行康复治疗。

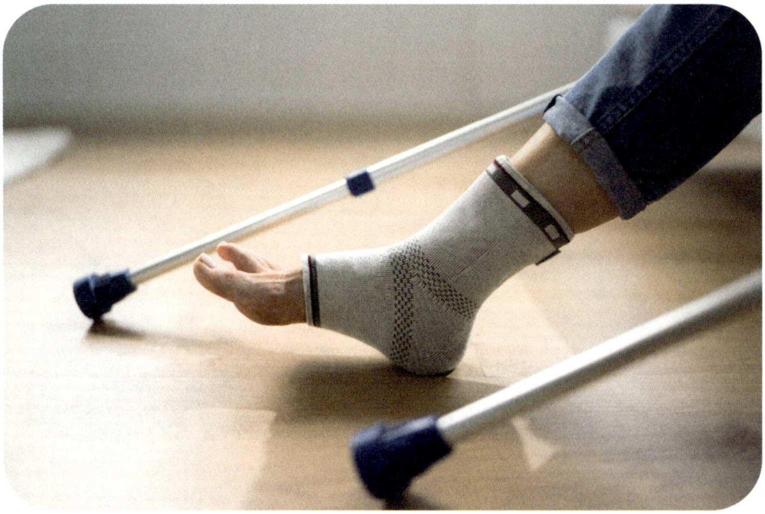

足部易形成的常见病，有脚癣、鸡眼等。

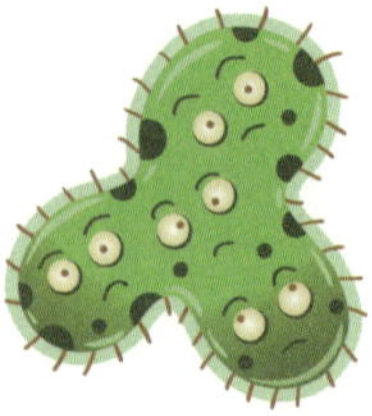

脚癣是寄生在脚趾缝里的真菌引起的皮肤病，在炎热夏季出现且易在来年复发。

大家要经常清洁脚部，注意脚部卫生，更要降低接触公共浴池等公共场所的几率。

鸡眼是由于长期的压力和摩擦导致的皮肤局限性增厚，常见于脚部骨骼突出的部分。其特点是中心部分硬且向内生长，外观呈白色或黄白色，伴有疼痛感。通过适当的治疗和预防措施，可以有效管理鸡眼并降低其发生风险。

不知道大家睡觉有没有脚抽筋的经历呢？

其实睡觉时脚抽筋是一种常见的症状，缺钙、过度疲劳、下肢受凉、睡姿不正确都会导致抽筋。

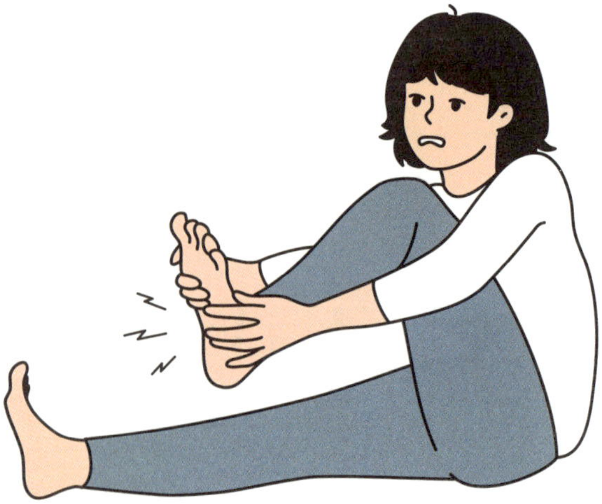

小朋友们在生长发育期，因为缺钙而导致抽筋是很正常的。小朋友们要多吃含钙的食物，多喝牛奶，勤晒太阳，促进钙的吸收，必要时也可以在医生的指导下吃钙片来保证所需的钙含量。

了解了我们的脚，我们来回答前面的问题，脚为什么会扭伤？扭到脚了怎么办？

脚扭伤常因运动或行走时足踝处于不稳定姿势，导致韧带过度牵拉或撕裂。扭伤后，会出现肿胀、疼痛和活动受限。小朋友扭伤脚后，应立即采取以下措施：休息，避免负重；抬高受伤脚至心脏以上；48 小时内冷敷，每次 15~20 分钟，每 1~2 小时一次，注意用毛巾包裹冰袋；48 小时后，若肿胀和疼痛缓解，可开始热敷，每次 15~20 分钟，每天多次。

我们还可以用弹性绷带包裹受伤的关节，适当加压，通过加压减轻肿胀。如果疼痛难忍，受伤处变成紫青色、麻木、没有知觉或有刺痛感，就需要去医院向医生寻求帮助了。

所以大家走路时可要小心点，注意观察脚下，防止扭伤脚踝。如果扭到脚了，要按照正确的方法及时处理。

小朋友们是不是都有一个爱卫生的妈妈抓着小朋友们剪脚趾甲呢？小朋友们知道正确修剪脚趾甲的方式是什么吗？

第一，平着修剪脚趾甲，而不是弧形剪，要留下一毫米的长度；第二，两边各剪下一小部分；第三，用锉刀轻磨，不要留下棱角，防止扎进肉里或划破袜子。

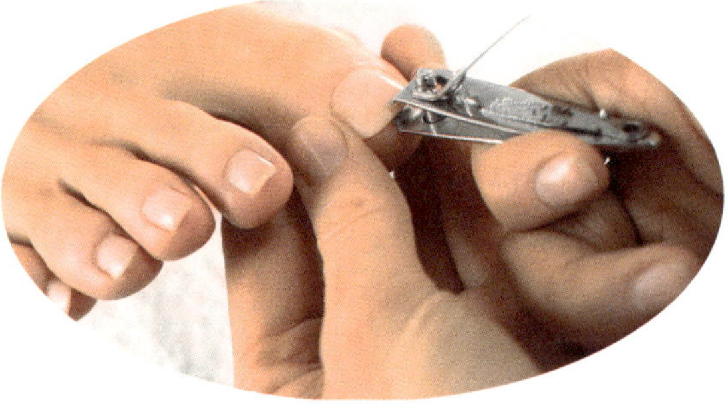

小朋友们，下次妈妈给你们剪脚趾甲，要提醒妈妈正确的剪脚趾甲的方法。

通过本章理论的学习，希望大家能够掌握骨骼、脊椎、手、脚的结构、功能、特点，并学习正确的坐姿、正确的洗手方法等。

实验小链接

这次要完成的人体实验叫作“手变短了”。

首先，让你的小伙伴伸出两条手臂。

然后让他用右手在左手臂弯上揉搓 30 秒，在揉搓的同时告诉他你要开始使用缩短手臂的魔法了。

“哎呀呀魔法，让胳膊变短吧！”

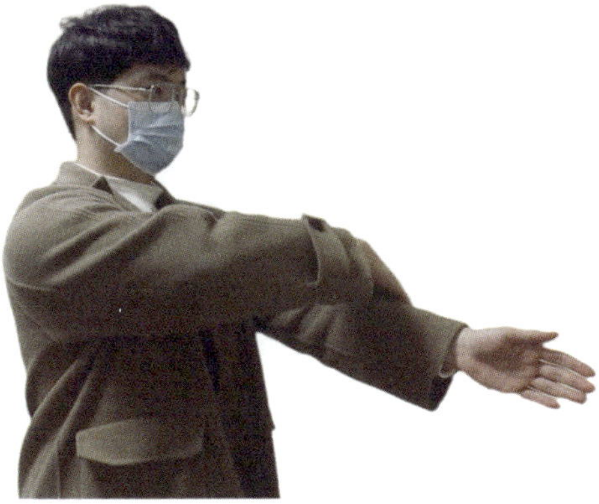

接下来让他把自己的右胳膊也伸直，他就会发现自己右边的手臂会比左边的短一些。

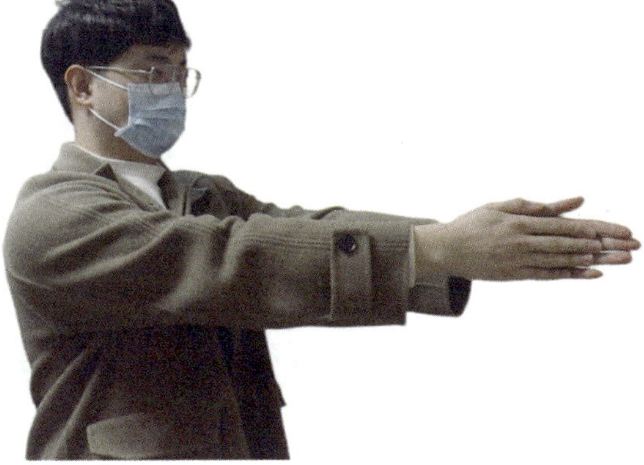

如果他想让两条手臂恢复到相同的长度，告诉他，可以用左手揉搓右手臂弯，然后再把两条手臂向前伸直。

大家知道其中的奥秘吗？

这是一个百试百灵的“魔法”，因为当你摩擦左臂的时候，右肩的肌肉会绷紧，于是它看起来会短一些，而你的左臂十分放松，丝毫不紧张，因此它看起来就会更长一些。

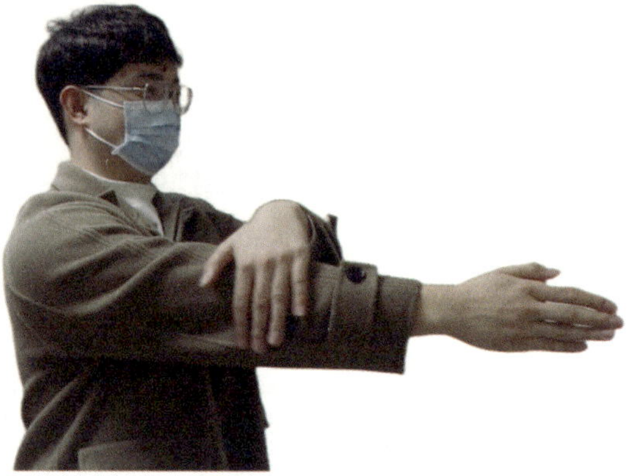

动手做一做

第一，核对一下手中的材料：小球、计时器。

第二，坐在椅子上，一手前臂平放在桌上，掌心向上，用桌上的这只手握住小球开始计时，用最大的力气握紧掌心的小球，然后张开手，在 30 秒时间内尽可能多地重复这个动作，每次放松时手掌要全部打开，让小球静止在掌心，然后再使劲握住小球，休息 30 秒，继续练习。

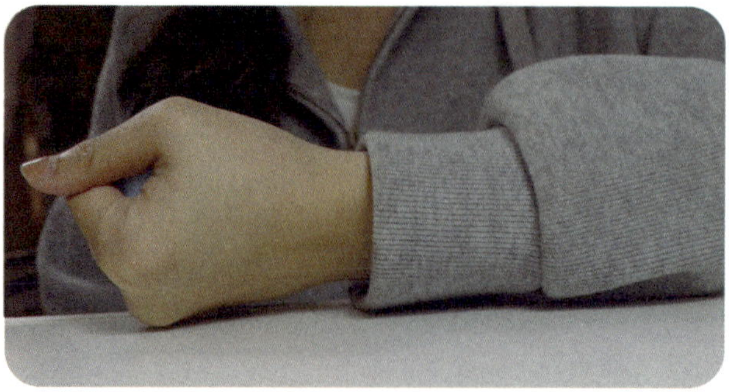

在做 4 组练习后会出现什么情况？大家知道其中的奥秘吗？

当手用力握住小球多次之后，肌肉会不断消耗氧气和营养物质，同时产生二氧化碳和其他代谢物，如果肌肉收缩的时间足够长，最终会耗尽氧气和营养物质，无法及时排出过多的代谢物和二氧化碳，肌肉会感觉疲惫，行动变得迟缓。

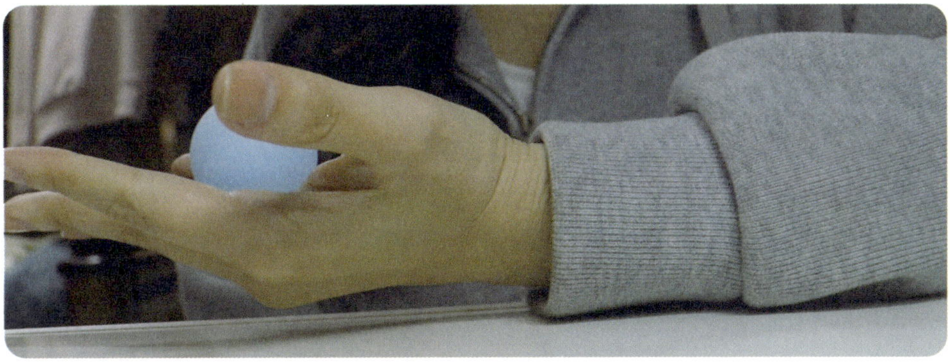

第12章

细胞星球大冒险：生命的成长

❶ 人体的奥秘：细胞天团的诞生

大家都知道人体内有数不清的细胞，那么这些细胞是怎样形成的呢？

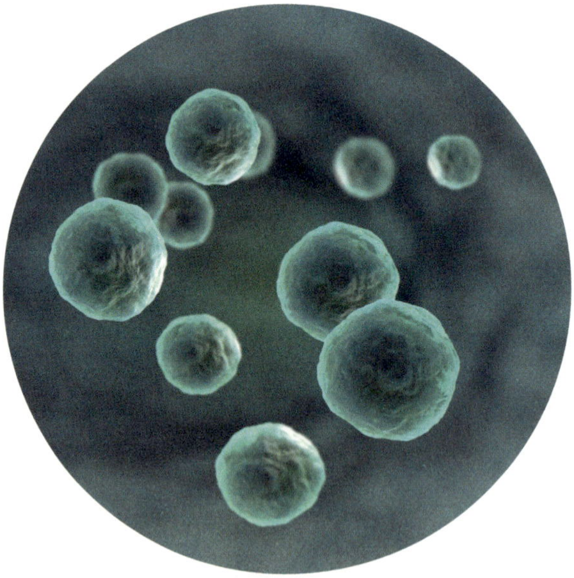

一般认为我们人体拥有 30 万亿个细胞，这个数字是不是听起来十分惊人？

正是这些细胞构成了人体各种组织，组织又构成了器官，器官再构成一个个系统，最终这些系统构成一个完整的人。

动物和人的生长归根结底都是从一个细胞开始的，它通过细胞分裂成为一群细胞，而这些细胞经过分化形成不同形状的细胞。

其中细胞分裂是指活细胞增殖及其数量由一个细胞分裂为两个细胞的过程，分裂前的细胞称为母细胞，分裂后形成的新细胞称为子细胞。通常包括细胞核分裂和细胞质分裂，在核分裂过程中，母细胞把遗传物质传给了子细胞。

真核细胞分裂包括有丝分裂、减数分裂和无丝分裂。在单细胞生物中细胞分裂就是个体的繁殖，在多细胞生物中细胞分裂是个体生长发育和繁殖的基础。

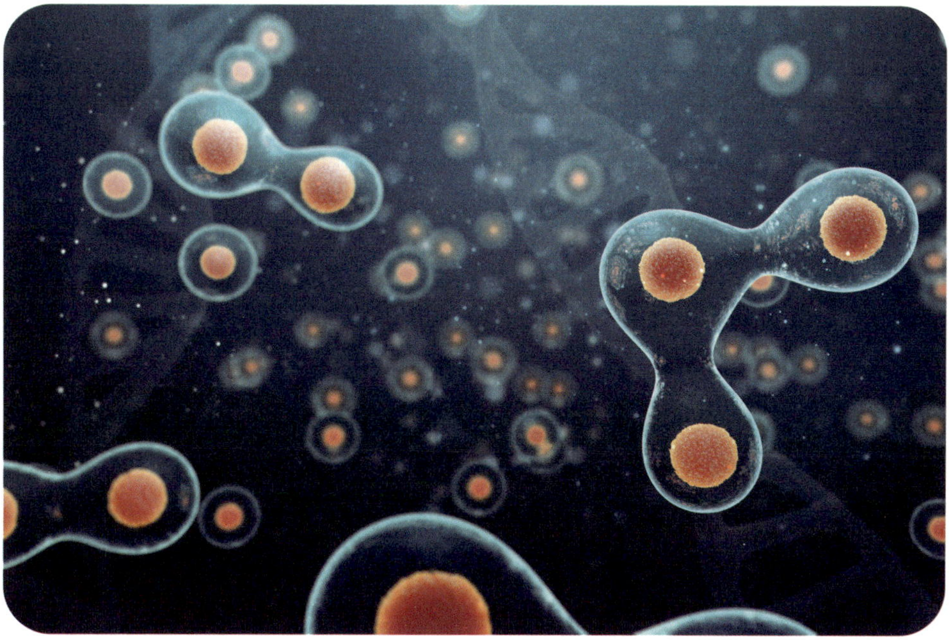

细胞分化与之不同，它是由一种相同的细胞类型，经过细胞分裂后，逐渐在形态结构和功能上形成稳定性差异，产生不同的细胞类群的过程。也可以说细胞分化是同一来源的细胞，逐渐形成各自特有的形态结构、生理功能和生化特征的过程。结果是，在空间上，细胞之间出现差异；在时间上，同一细胞和它以前的状态有所不同。

细胞分化是从化学变化到形态与功能分化的过程，值得注意的是，分裂不等同于分化，这里需要区分细胞分裂、生长分化和癌变的关系。

细胞分裂，是生物体生长、发育、繁殖和遗传的基础，它使单细胞生物产生新的个体，使生物幼体由小变大，它可以通过分裂将复制的遗传物质平均分配到两个子细胞中。

细胞生长，是生物体的生长，包括细胞数目的增加和细胞体积的增大两个方面。细胞分裂和细胞生长都是生物体生长的基础。

细胞分化，是生物界普遍存在的生命现象，是生物个体发育的基础。经过细胞分化，多细胞生物形成不同的细胞和组织。

细胞癌变，是受致癌因子的作用，细胞连续进行分裂，从而超过最高分裂次数，无限增殖的现象。

胰腺癌

在介绍完细胞分裂和细胞分化后，不难理解细胞分化之后所形成的不同细胞群，每个细胞群都是由形态相似、结构功能相同的细胞联合在一起形成的，这些细胞群就称为组织。人体细胞经过分化，最终会形成四大组织，即上皮组织、肌肉组织、神经组织和结缔组织。

数量如此巨大的细胞具体的构成是什么样的呢？

如果有机会亲眼去观察细胞，你就能看到无数的细小微粒在不停地运动。

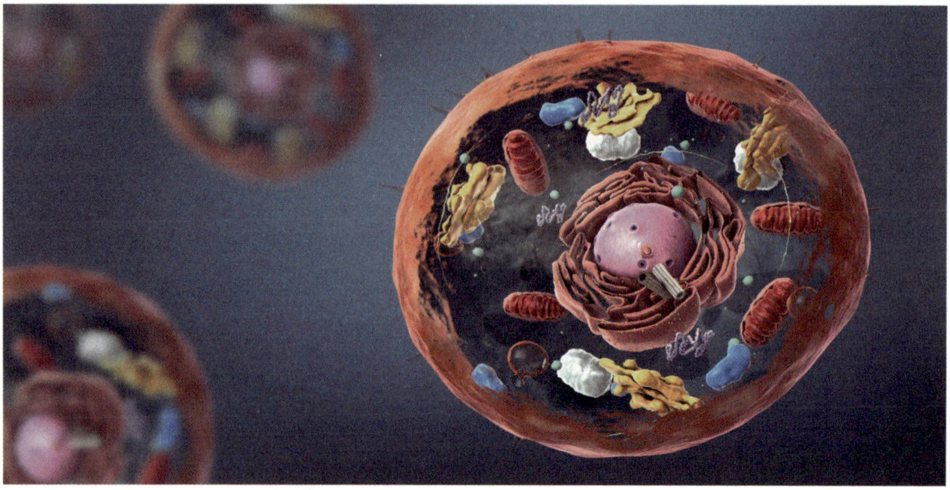

首先会让人注意到细胞的“控制中心”——细胞核，它由氨基酸和核酸组成，其中氨基酸来源于我们每天所吃的食物中的蛋白质，而核酸则可能来源于酵母或是动物肝脏等食物，它们在至少三种 B 族维生素的帮助下形成核苷酸。

核苷酸进一步形成遗传基因和染色体，这就是我们的遗传原型，决定着细胞的生命程序，围绕在细胞核周围的是经常处于千变万化之中的蛋白质微粒，它们形成胶体，又进一步构成细胞组织——细胞质。细胞核与细胞质共同被称为原生质。

那细胞又是怎么实现运作的呢？

细胞形态各异，以适应其功能。细胞膜控制物质进出，营养物质通过简单扩散、协助扩散、主动运输和胞吞 / 胞吐穿过细胞膜。人体内，营养物质和代谢废物在血液和组织液间不断交换，主要在毛细血管网中进行。动脉毛细血管中，血压推动营养物质进入组织液，细胞通过转运蛋白摄取这些物质。细胞代谢产生的废物首先释放到组织液中，随后通过扩散作用进入毛细血管，最终随静脉血回流至心脏，进而被运送至排泄器官处理。白蛋白维持血浆胶体渗透压，促进液体回流，但不直接吸附废弃物。淋巴系统帮助清除大分子废物和多余液体，确保细胞环境动态平衡。

关于细胞天团的诞生就介绍到这里。

❷ 人体的奥秘：复制粘贴的基因

有一句俗语，是“龙生龙，凤生凤，老鼠的儿子会打洞”。

这句话虽然听上去非常直白，但是其中蕴含的有关遗传的知识是很深奥的哦。

那什么是遗传？

遗传是一种亲子之间存在相似性的现象，表明性状可以从亲代传递给子代，它起源于早期生命过程的信息化或节律化。

在讲遗传之前，我们可以先来了解一下基因转移。

首先，基因是具有遗传效应的核酸，也就是我们经常所说的 DNA，而基因从一个生物转移到另一个生物的过程就称为基因转移。

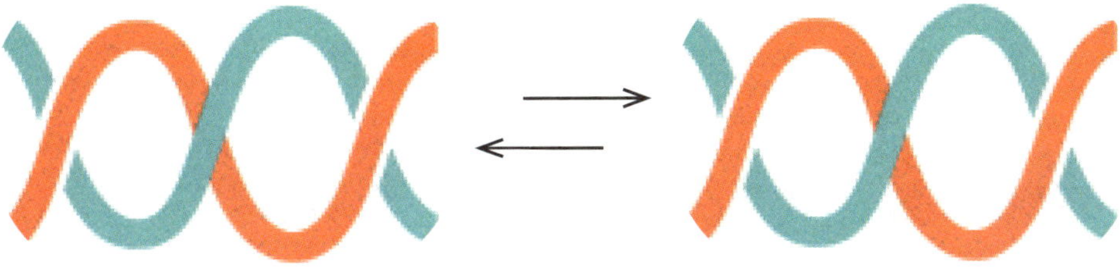

基因转移分为两个方向，一是基因水平转移，也称转基因；二是基因垂直转移，通俗来讲就是我们要了解的遗传。之所以用垂直，是因为遗传中基因的转移是发生在世代之间的，换句话说就是小朋友的爸爸妈妈和小朋友之间的基因转移，从而把上一代的遗传物质传递到下一代，而且人类的遗传物质在男女之间是存在差异的。

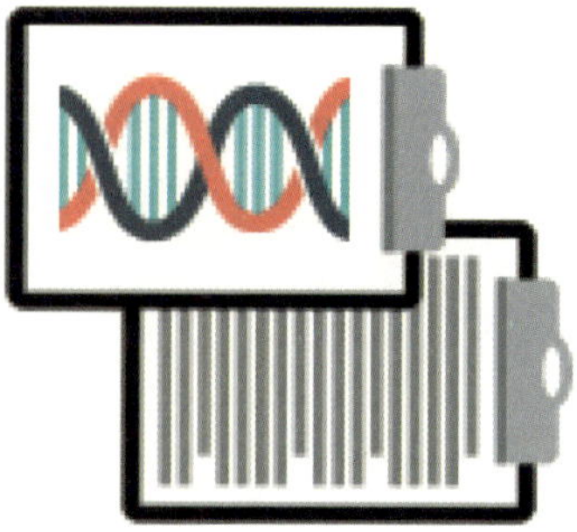

我们首先要知道，DNA 这个物质是双螺旋组成的，而组成这个双螺旋核心的四种脱氧核糖核酸就叫作碱基，它们成双成对地构成了 DNA，因此我们又把一对碱基称为碱基对。

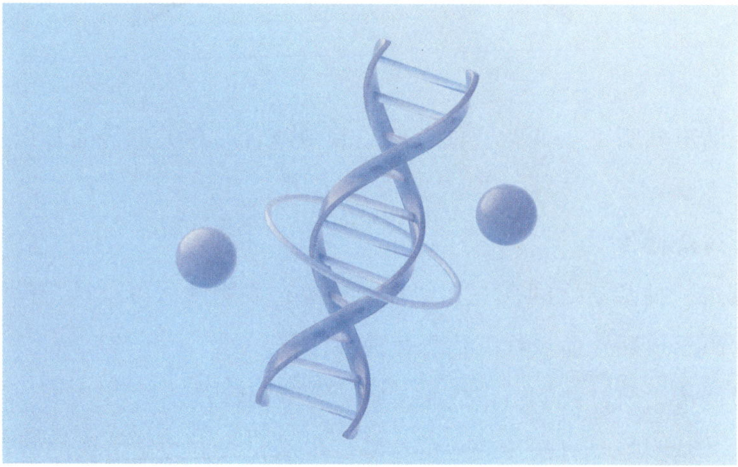

女生的 DNA 是由 22 条常染色体和 XX 性染色体组成的，男生则是由 22 条常染色体和 XY 性染色体组成的。男女生的差异就在一条 X 和 Y 染色体上，而这意味着女生会有更多的遗传物质。但按基因数量来看，男生会比女生多出 27 个男性特有基因。

遗传听起来是一个看不见摸不着的东西。它是怎样被发现的呢？

说到这儿我们就不得不介绍一下遗传学奠基人——孟德尔先生，他选取豌豆进行杂交实验，是因为豌豆是自花传粉、闭花授粉的植物，且豌豆品种间具有一些稳定的易于区分的相对性状。

在他的实验中，除去未成熟化的全部雄蕊，称为“去雄”。然后套上纸袋，防止外来花粉干扰，也就是套袋隔离。接着在雌蕊成熟时，将另一植株的花粉撒在去雄花的雌蕊柱头上，这一步称为人工授粉。最后再套袋隔离，以保证杂交得到的种子是人工授粉后所结出的。经过不懈努力和一丝不苟地实验，他得出了遗传学界的两大定律：分离定律和自由组合定律。

分离定律又称“孟德尔第一定律”，它的概念是决定生物体遗传性状的一对等位基因，在配子形成时彼此分开，随机分别进入一个配子中。

自由组合定律是现代生物遗传学三大基本定律之一，即当具有两对或更多对相对性状的亲本进行杂交时，非同源染色体上的基因表现为自由组合。

自由组合定律的实质是非等位基因自由组合，即一对染色体上的等位基因与另一对染色体上的等位基因的分离或组合是彼此间互不干扰的，各自独立地分配到配子中去。

哪些东西最容易从爸爸妈妈那儿遗传下来呀？

其实父母有 7 种外貌特征是最容易遗传给孩子的，分别是肤色、身高、胖瘦、眼睛、鼻子、下颚和耳朵。小朋友们可以回家跟自己的爸爸妈妈比较，看看分别是哪里比较像哦。

遗传真是一件神奇的事情呀！

关于遗传我们就了解到这里。

❸ 人体的奥秘：成长与衰老

小朋友们一定会想快快长大，成为像爸爸妈妈一样顶天立地的大人。

成长是一个循序渐进的过程，等你长到爸爸妈妈一样大的时候，他们也会老去，这就是这个世界上无时无刻不在发生着的成长与衰老。

成长一般指长大成人，也泛指事物走向成熟，摆脱稚嫩的过程。简而言之就是自身不断变得成熟稳重的一个变化过程。

衰老是指机体对环境的生理和心理适应能力进行性降低，逐渐趋向死亡的现象，它是许多病理、生理和心理过程综合作用的必然结果，是个体生长发育最后阶段的生物学和心理学过程。

根据世界卫生组织公布的年龄划分标准，人的生命周期可以分为以下几个阶段：0~1 周岁为婴儿期，1~3 周岁为幼儿期，4~5 周岁为学龄前儿童期，6~12 周岁为儿童期，10~19 周岁为青少年期（这一时期与青春期重叠），15~24 周岁为青年期，25~64 周岁为成年期，其中 25~44 周岁为青年成人，45~64 周岁为中年成人，65 周岁及以上为老年期。因此，年龄的增长可以说是一个非常具体的、数字化的成长过程，每个阶段都伴随着独特的生理、心理和社会特征。

在我们的成长过程中，身高的增长可以说是很显著的，那这其中有什么秘密吗？

我们身高的增长离不开骺板这一关键结构，它位于长骨的两端，是一层软骨组织。在骨骼的生长发育过程中，骺板起着至关重要的作用。

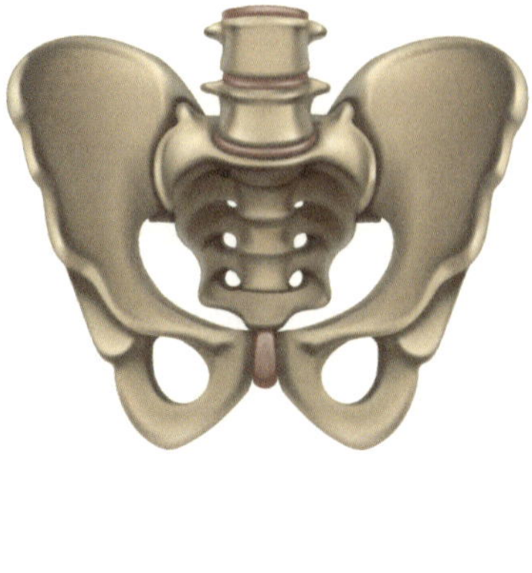

骺软骨作为人体骨骼生长的关键结构，也是长骨的二次骨化中心。从骨骺的远端到近端，骺软骨可依次分为四个功能区，分别为软骨储备区、软骨增生区、软骨钙化区和成骨区。

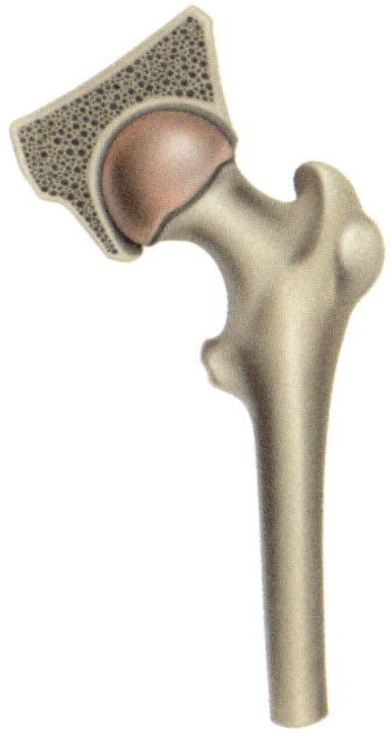

长骨就是靠骺软骨不断地产生软骨、钙化、溶解以达到增长的目的。

随着我们年龄的增大，骺软骨逐渐钙化变薄，直至完全钙化，这对法医学中的骨龄鉴定有重要意义。

骺软骨也可以用来检验生长发育的情况，更可以判断我们是否还有再增高的可能。

当我们最后慢慢老去，身体里的骨骼也会发生变化吗？

是的，年老了以后最为常见的骨骼变化就是可能会出现骨质疏松。我们通常所指的骨质疏松是原发性骨质疏松，也就是老年性的骨质疏松。

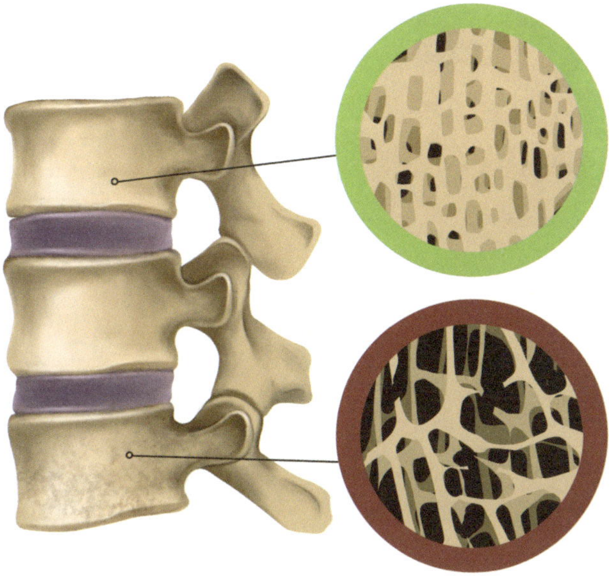

骨质疏松的主要症状表现为以下几个方面。第一，疼痛，疼痛主要是因为骨量丢失之后出现的疼痛，以腰背部疼痛多见，仰卧位或者坐位的时候疼痛往往能够缓解，而保持挺拔的姿势、长久地站立和久坐的时候疼痛会加重。

第二，身长的缩短，老年人身高会缩短，而且会出现驼背的情况。这主要是胸腰椎的慢性压缩性骨折导致的。

第三，骨质疏松性骨折。

第四，呼吸功能的下降，呼吸功能下降主要表现为胸椎腰椎压缩性骨折后胸廓的畸形，使肺活量和最大换气量显著减少。

想要治疗骨质疏松，主要包括运动和药物治疗。

运动有利于维持骨量，同时要注意营养，主要以摄入钙、维生素D和蛋白质为主，并要预防摔倒发生脆性骨折。

在药物治疗方面，主要包括抑制破骨细胞和骨吸收的药物、促进骨形成的药物。如果出现脆性骨折，还可以借助外科的手段达到止痛康复的目的。

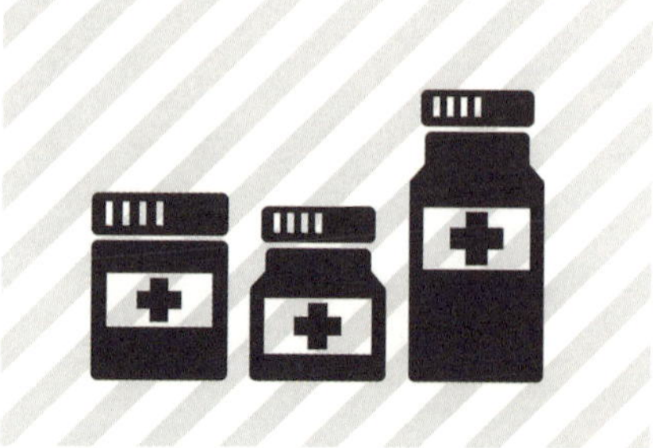

我们一般讲的成长有的时候也没有那么具体，这又是一种什么样的成长与衰老呢？

这便是心理上的成长与衰老了。成长是每一个人从幼稚到成熟的必要经历。这段时间会很长，他可能是快乐的，是艰辛的，也可能是逐渐无聊的，毕竟幼稚的时候一切都是那么美好，而长大后好像一切都变了。不同的人会有不同的成长过程和经历，而这些过程和经历意味着我们能否成为一个真正成熟的人。我们一定努力向阳，按时长大！

关于成长与衰老，我们就了解到这里。

通过本章课程，希望大家可以掌握细胞分裂和分化、细胞的基本结构及其化学成分、遗传的概念、成长与衰老的概念及相关表现。

动手做一做

第一，核对一下手中的材料：笔、卡、纸、剪刀、红毛线、蓝毛线。

第二，将红、蓝毛线各剪出 2 根长的和 2 根短的。

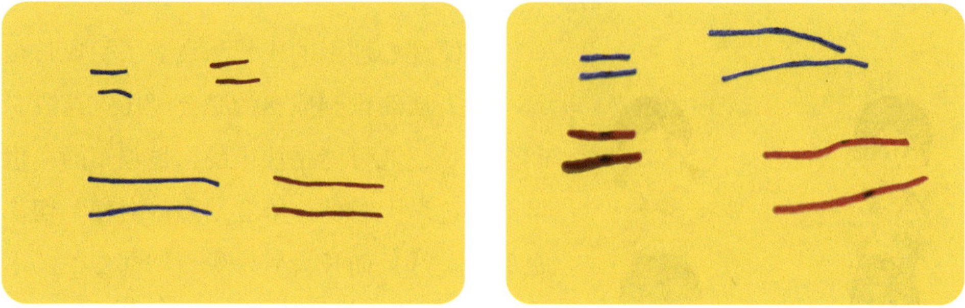

第三，将纸平铺在桌上，只代表一个细胞，毛线代表细胞里的染色体，将颜色相同、长短相同的毛线两两配对（如图所示），表示同源染色体，并将一侧的红、蓝毛线交叉表示联会。

第四，将 4 条毛线分为上下两侧，此时排列在赤道板上。

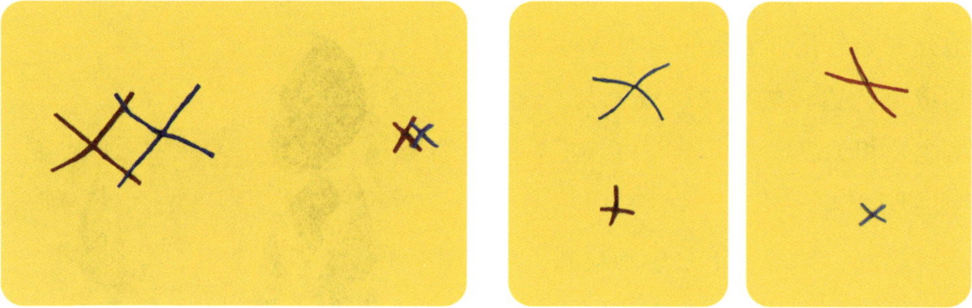

第五，四分体分开移向两边，并用剪刀将卡纸从中间剪开。每一张纸表示一个细胞，染色体散乱在中央。

第六，染色单体分开，并将纸剪开，此时细胞就完成了它的减数分裂。

附录

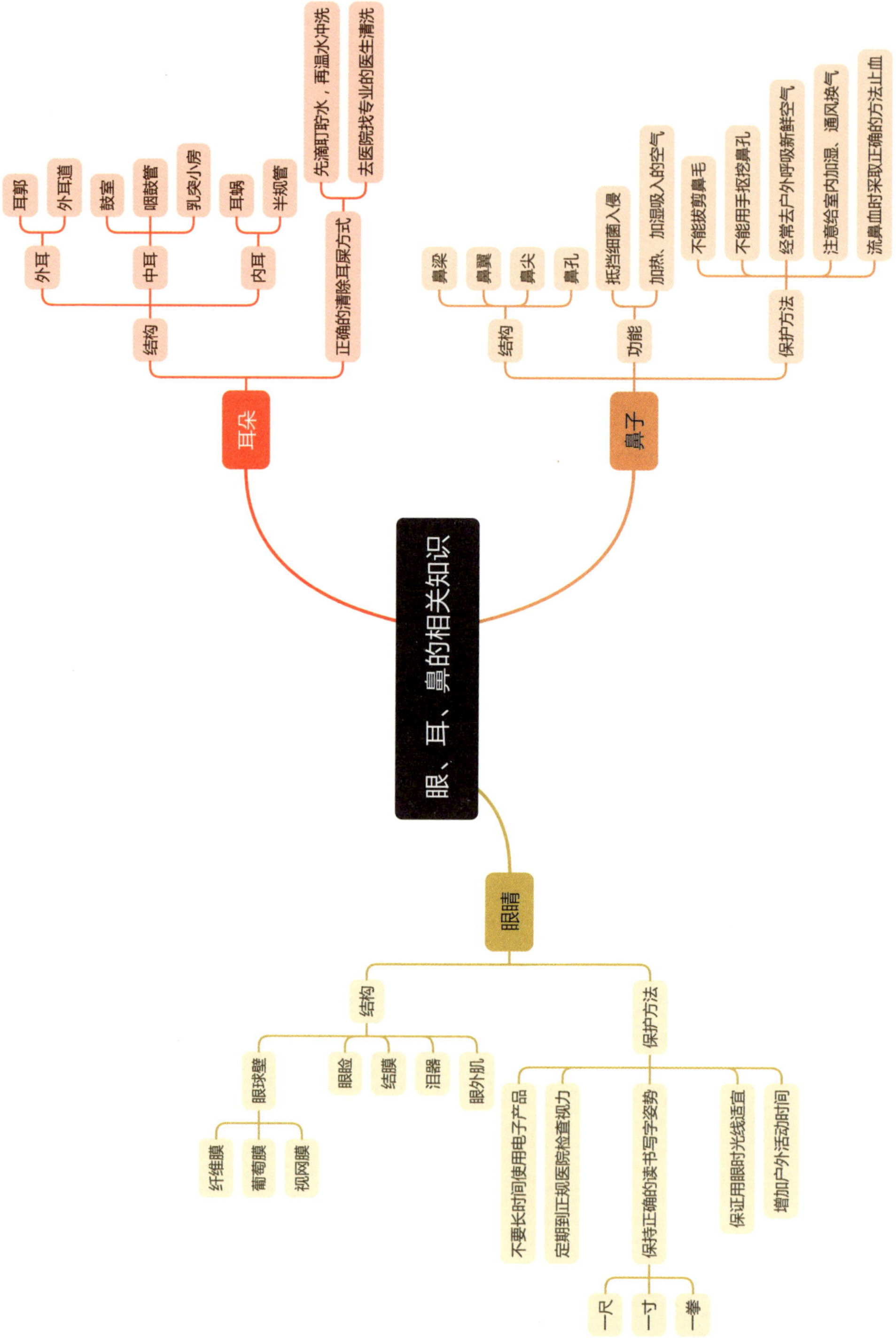
眼、耳、鼻的相关知识
耳朵
结构
外耳
耳郭
外耳道
中耳
鼓室
咽鼓管
乳突小房
内耳
耳蜗
半规管
正确的清除耳屎方式
先滴耵聍水，再温水冲洗
去医院找专业的医生清洗
鼻子
结构
鼻梁
鼻翼
鼻尖
鼻孔
功能
抵挡细菌入侵
加热、加湿吸入的空气
保护方法
不能拔剪鼻毛
不能用手抠挖鼻孔
经常去户外呼吸新鲜空气
注意给室内加湿、通风换气
流鼻血时采取正确的方法止血
眼睛
结构
眼球壁
纤维膜
葡萄膜
视网膜
眼睑
结膜
泪器
眼外肌
保护方法
不要长时间使用电子产品
定期到正规医院检查视力
保持正确的读书写字姿势
一尺
一寸
一拳
保证用眼时光线适宜
增加户外活动时间

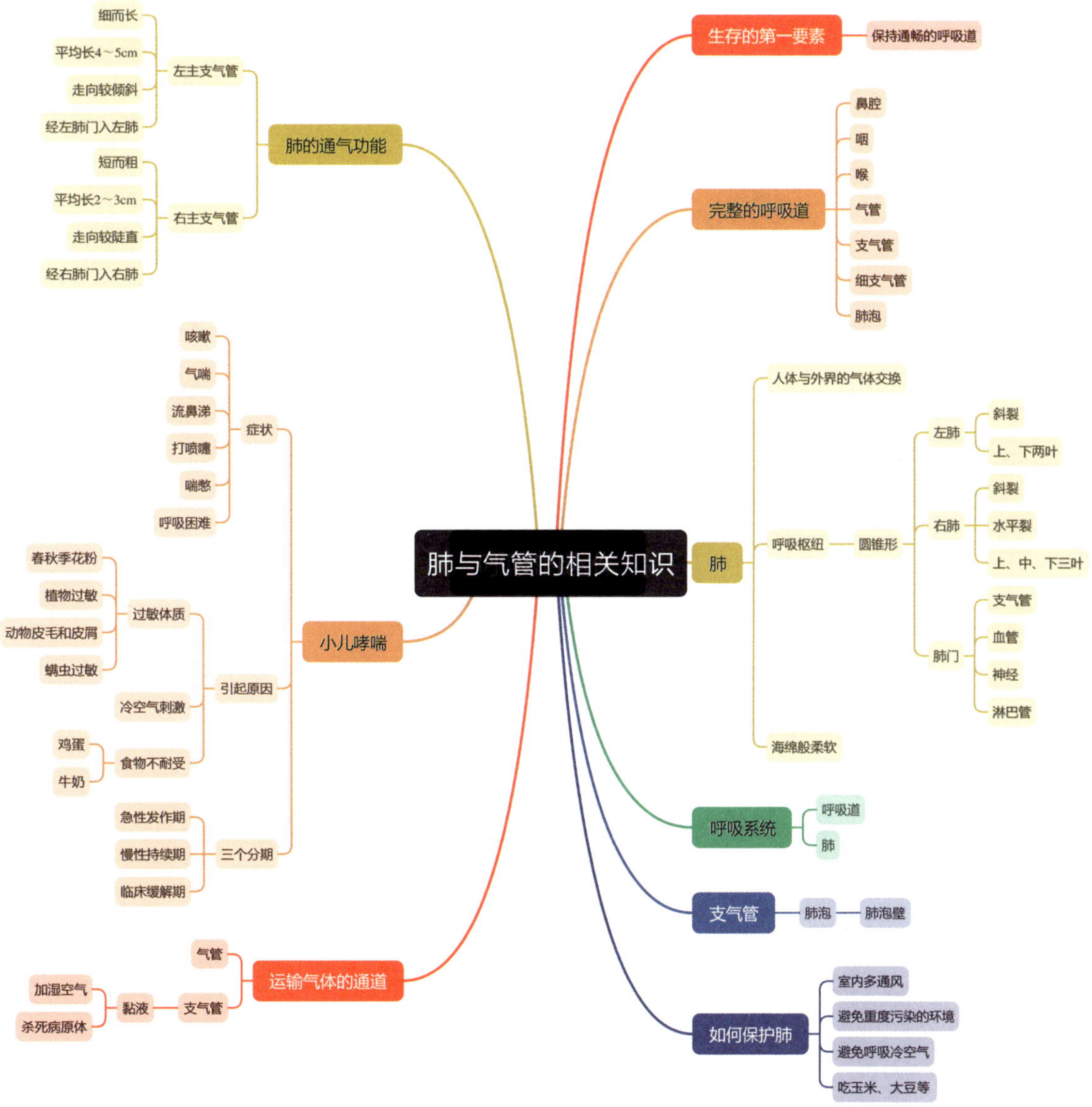
肺与气管的相关知识
生存的第一要素
保持通畅的呼吸道
完整的呼吸道
鼻腔
咽
喉
气管
支气管
细支气管
肺泡
肺
人体与外界的气体交换
呼吸枢纽
圆锥形
左肺
斜裂
上、下两叶
右肺
斜裂
水平裂
上、中、下三叶
肺门
支气管
血管
神经
淋巴管
海绵般柔软
呼吸系统
呼吸道
肺
支气管
肺泡
肺泡壁
如何保护肺
室内多通风
避免重度污染的环境
避免呼吸冷空气
吃玉米、大豆等
肺的通气功能
左主支气管
细而长
平均长4～5cm
走向较倾斜
经左肺门入左肺
右主支气管
短而粗
平均长2～3cm
走向较陡直
经右肺门入右肺
小儿哮喘
症状
咳嗽
气喘
流鼻涕
打喷嚏
喘憋
呼吸困难
引起原因
过敏体质
春秋季花粉
植物过敏
动物皮毛和皮屑
螨虫过敏
冷空气刺激
食物不耐受
鸡蛋
牛奶
三个分期
急性发作期
慢性持续期
临床缓解期
运输气体的通道
气管
支气管
黏液
加湿空气
杀死病原体

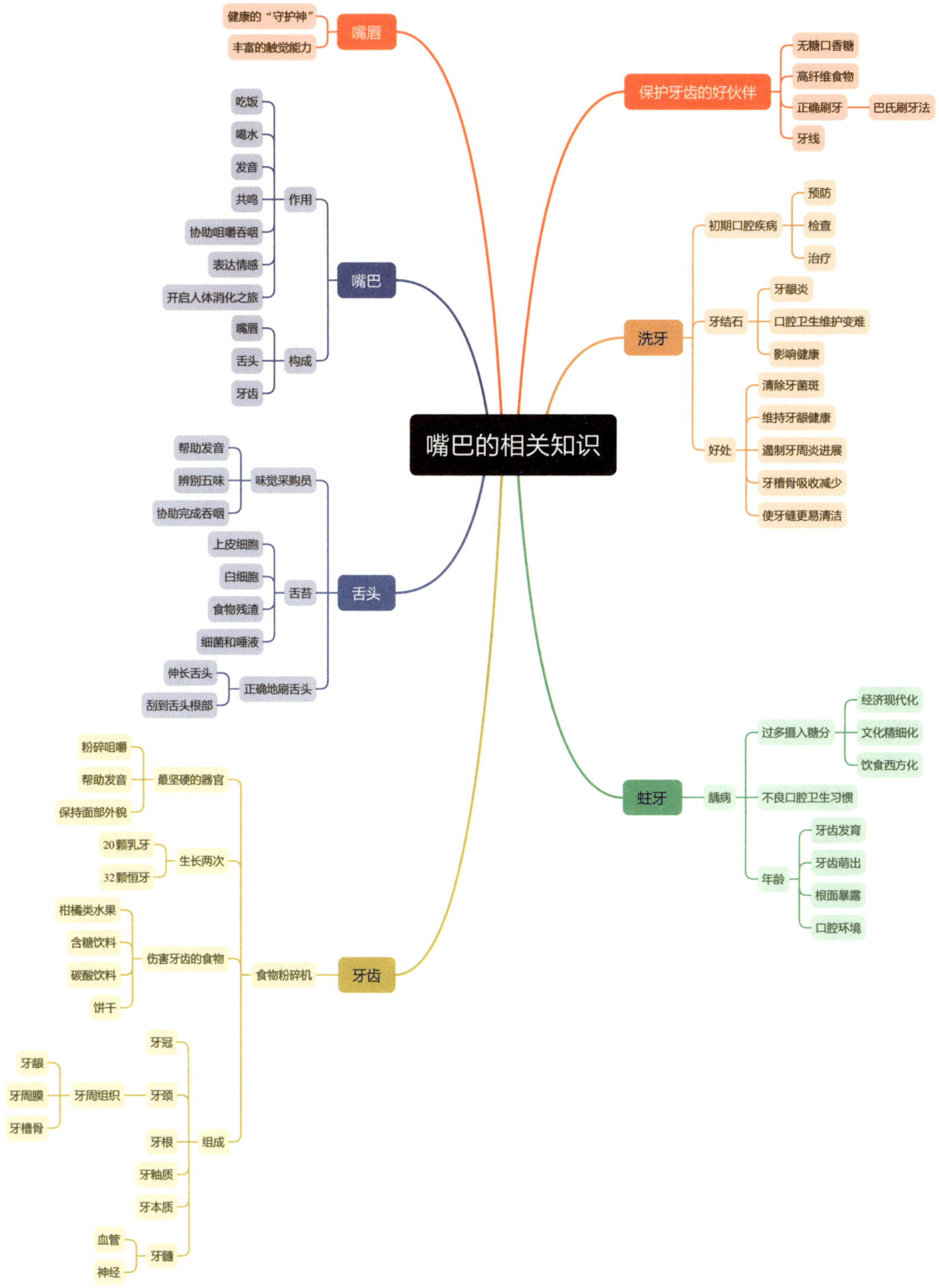
嘴巴的相关知识
嘴唇
健康的“守护神”
丰富的触觉能力
嘴巴
作用
吃饭
喝水
发音
共鸣
协助咀嚼吞咽
表达情感
开启人体消化之旅
构成
嘴唇
舌头
牙齿
舌头
味觉采购员
帮助发音
辨别五味
协助完成吞咽
舌苔
上皮细胞
白细胞
食物残渣
细菌和唾液
正确地刷舌头
伸长舌头
刮到舌头根部
牙齿
食物粉碎机
最坚硬的器官
粉碎咀嚼
帮助发音
保持面部外貌
生长两次
20颗乳牙
32颗恒牙
伤害牙齿的食物
柑橘类水果
含糖饮料
碳酸饮料
饼干
组成
牙冠
牙颈
牙周组织
牙龈
牙周膜
牙槽骨
牙根
牙釉质
牙本质
牙髓
血管
神经
保护牙齿的好伙伴
无糖口香糖
高纤维食物
正确刷牙
巴氏刷牙法
牙线
洗牙
初期口腔疾病
预防
检查
治疗
牙结石
牙龈炎
口腔卫生维护变难
影响健康
好处
清除牙菌斑
维持牙龈健康
遏制牙周炎进展
牙槽骨吸收减少
使牙缝更易清洁
蛀牙
龋病
过多摄入糖分
经济现代化
文化精细化
饮食西方化
不良口腔卫生习惯
年龄
牙齿发育
牙齿萌出
根面暴露
口腔环境

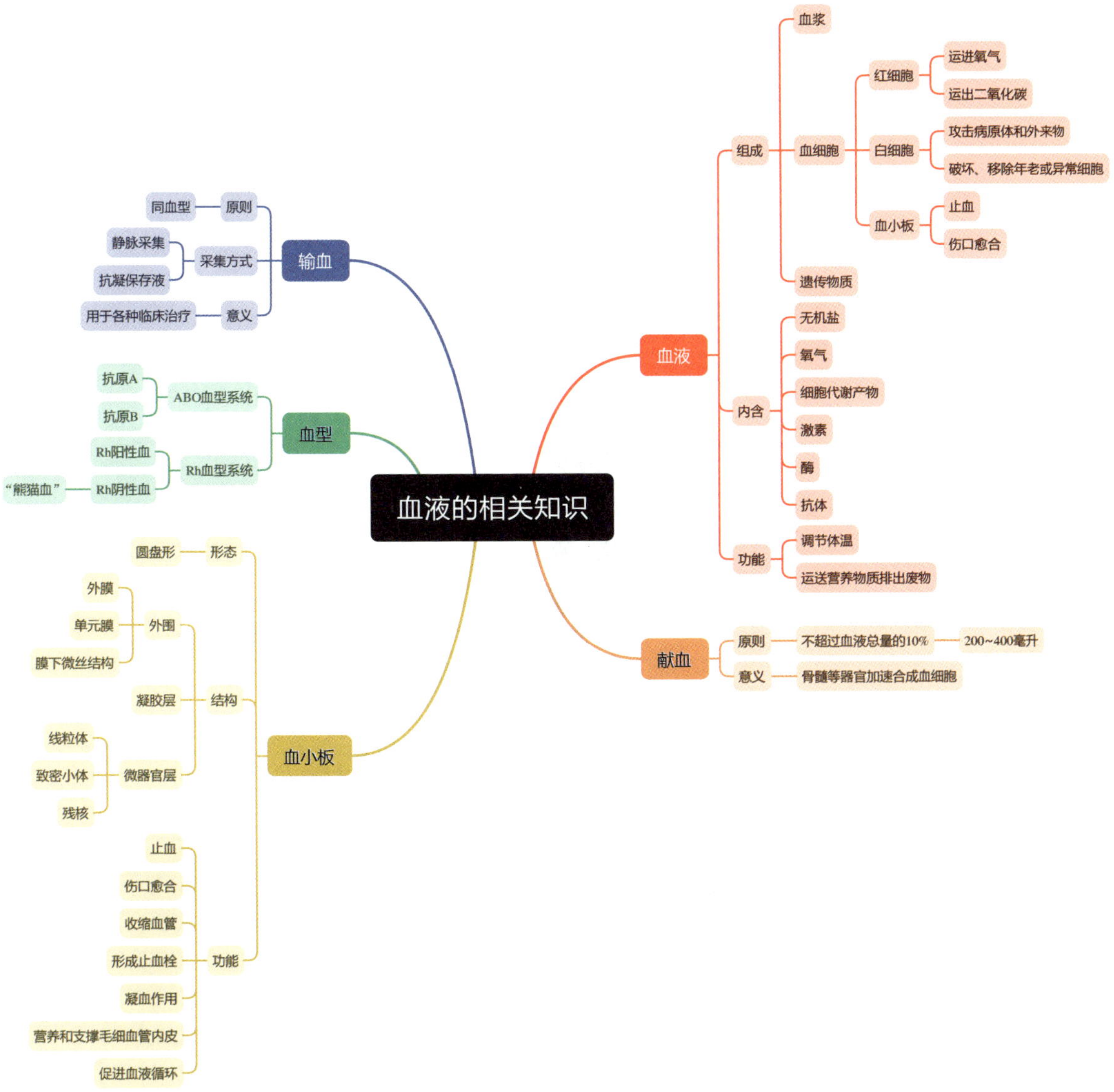
血液的相关知识
输血
原则
同血型
采集方式
静脉采集
抗凝保存液
意义
用于各种临床治疗
血型
ABO血型系统
抗原A
抗原B
Rh血型系统
Rh阳性血
Rh阴性血
“熊猫血”
血小板
形态
圆盘形
结构
外围
外膜
单元膜
膜下微丝结构
凝胶层
微器官层
线粒体
致密小体
残核
功能
止血
伤口愈合
收缩血管
形成止血栓
凝血作用
营养和支撑毛细血管内皮
促进血液循环
血液
组成
血浆
血细胞
红细胞
运进氧气
运出二氧化碳
白细胞
攻击病原体和外来物
破坏、移除年老或异常细胞
血小板
止血
伤口愈合
遗传物质
内含
无机盐
氧气
细胞代谢产物
激素
酶
抗体
功能
调节体温
运送营养物质排出废物
献血
原则
不超过血液总量的10%
200~400毫升
意义
骨髓等器官加速合成血细胞

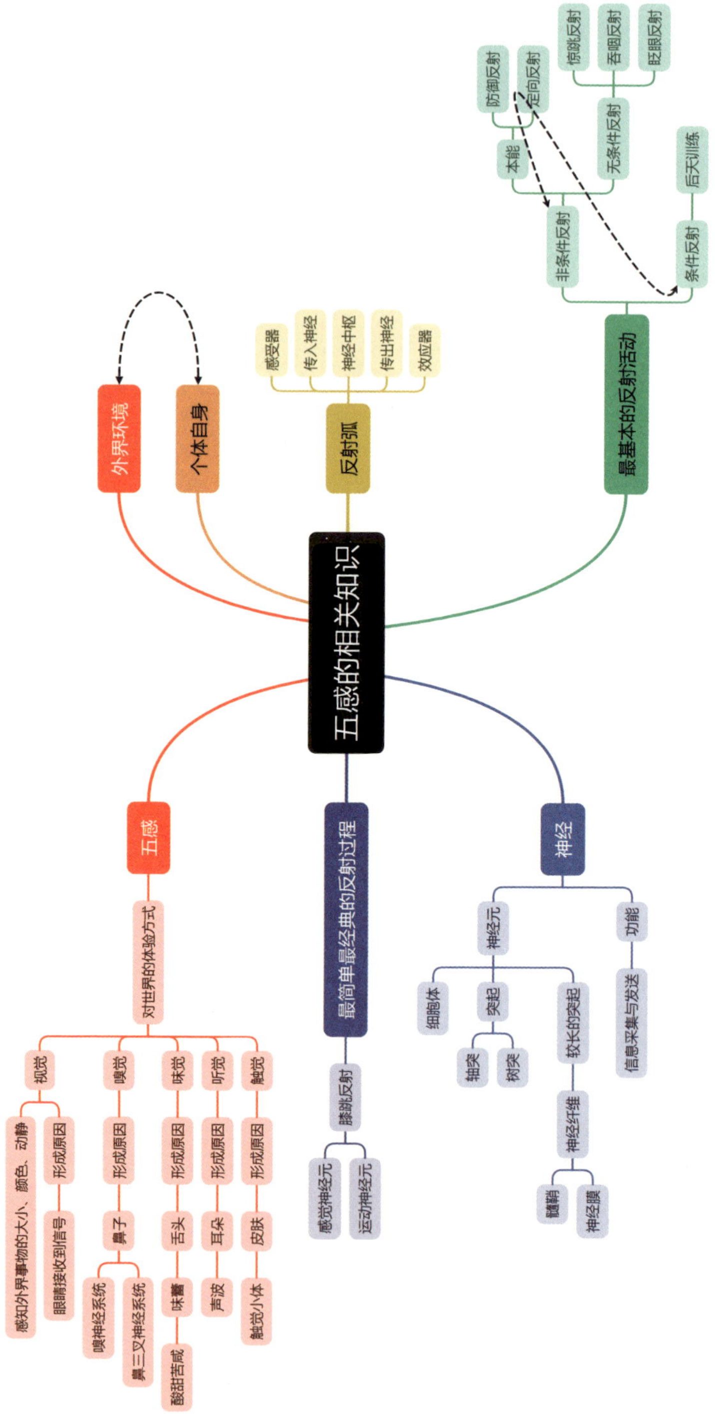
五感的相关知识
外界环境
个体自身
反射弧
感受器
传入神经
神经中枢
传出神经
效应器
最基本的反射活动
非条件反射
条件反射
本能
无条件反射
防御反射
定向反射
惊跳反射
吞咽反射
眨眼反射
后天训练
神经
神经元
功能
细胞体
突起
较长的突起
轴突
树突
神经纤维
髓鞘
神经膜
信息采集与发送
最简单最经典的反射过程
膝跳反射
感觉神经元
运动神经元
五感
对世界的体验方式
视觉
嗅觉
味觉
听觉
触觉
形成原因
感知外界事物的大小、颜色、动静
眼睛接收到信号
形成原因
鼻子
嗅神经系统
鼻三叉神经系统
形成原因
舌头
味蕾
酸甜苦咸
形成原因
耳朵
声波
形成原因
皮肤
触觉小体

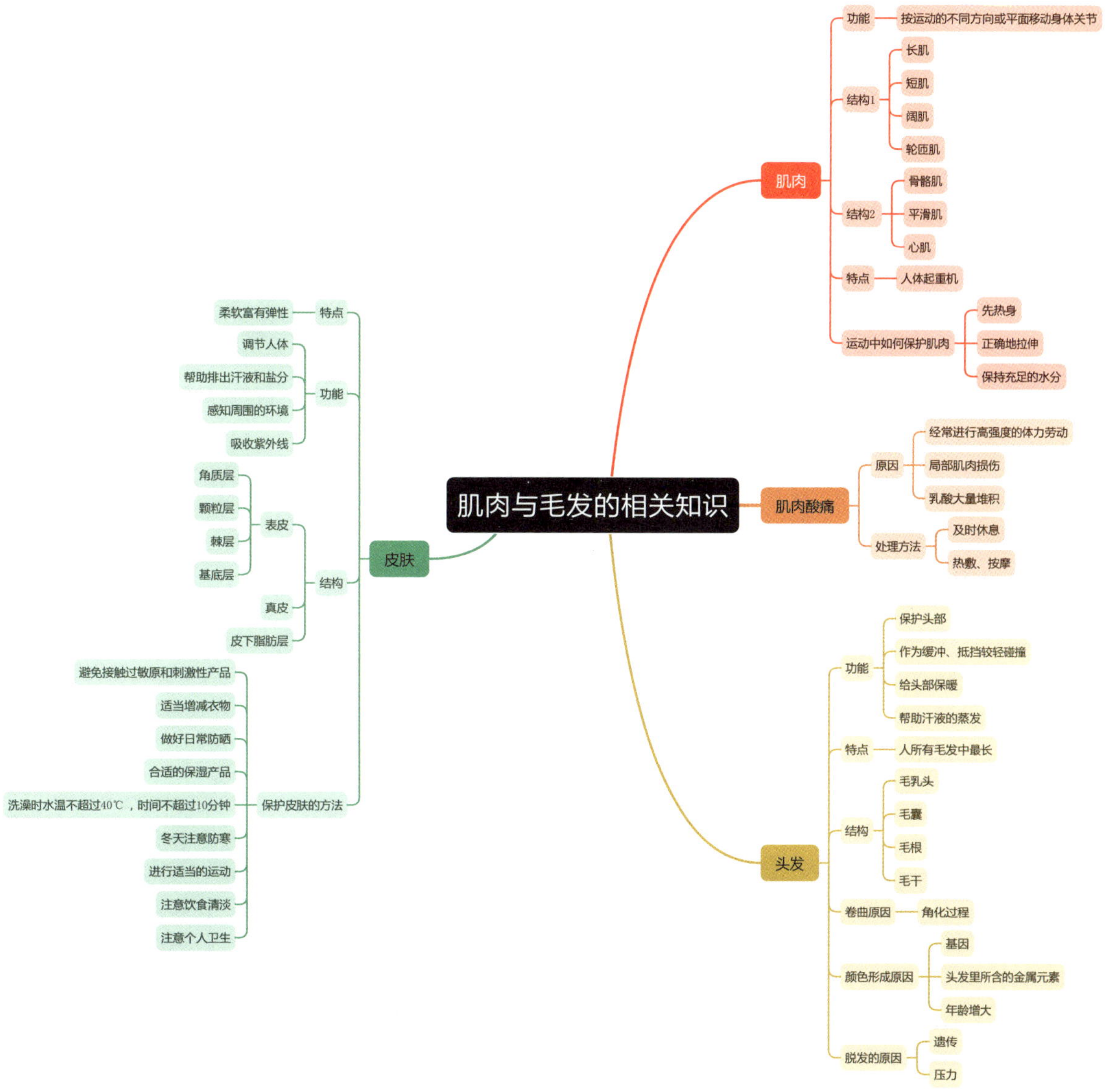
肌肉与毛发的相关知识
肌肉
功能
按运动的不同方向或平面移动身体关节
结构1
长肌
短肌
阔肌
轮匝肌
结构2
骨骼肌
平滑肌
心肌
特点
人体起重机
运动中如何保护肌肉
先热身
正确地拉伸
保持充足的水分
肌肉酸痛
原因
经常进行高强度的体力劳动
局部肌肉损伤
乳酸大量堆积
处理方法
及时休息
热敷、按摩
头发
功能
保护头部
作为缓冲、抵挡较轻碰撞
给头部保暖
帮助汗液的蒸发
特点
人所有毛发中最长
结构
毛乳头
毛囊
毛根
毛干
卷曲原因
角化过程
颜色形成原因
基因
头发里所含的金属元素
年龄增大
脱发的原因
遗传
压力
皮肤
特点
柔软富有弹性
功能
调节人体
帮助排出汗液和盐分
感知周围的环境
吸收紫外线
结构
表皮
角质层
颗粒层
棘层
基底层
真皮
皮下脂肪层
保护皮肤的方法
避免接触过敏原和刺激性产品
适当增减衣物
做好日常防晒
合适的保湿产品
洗澡时水温不超过40℃，时间不超过10分钟
冬天注意防寒
进行适当的运动
注意饮食清淡
注意个人卫生

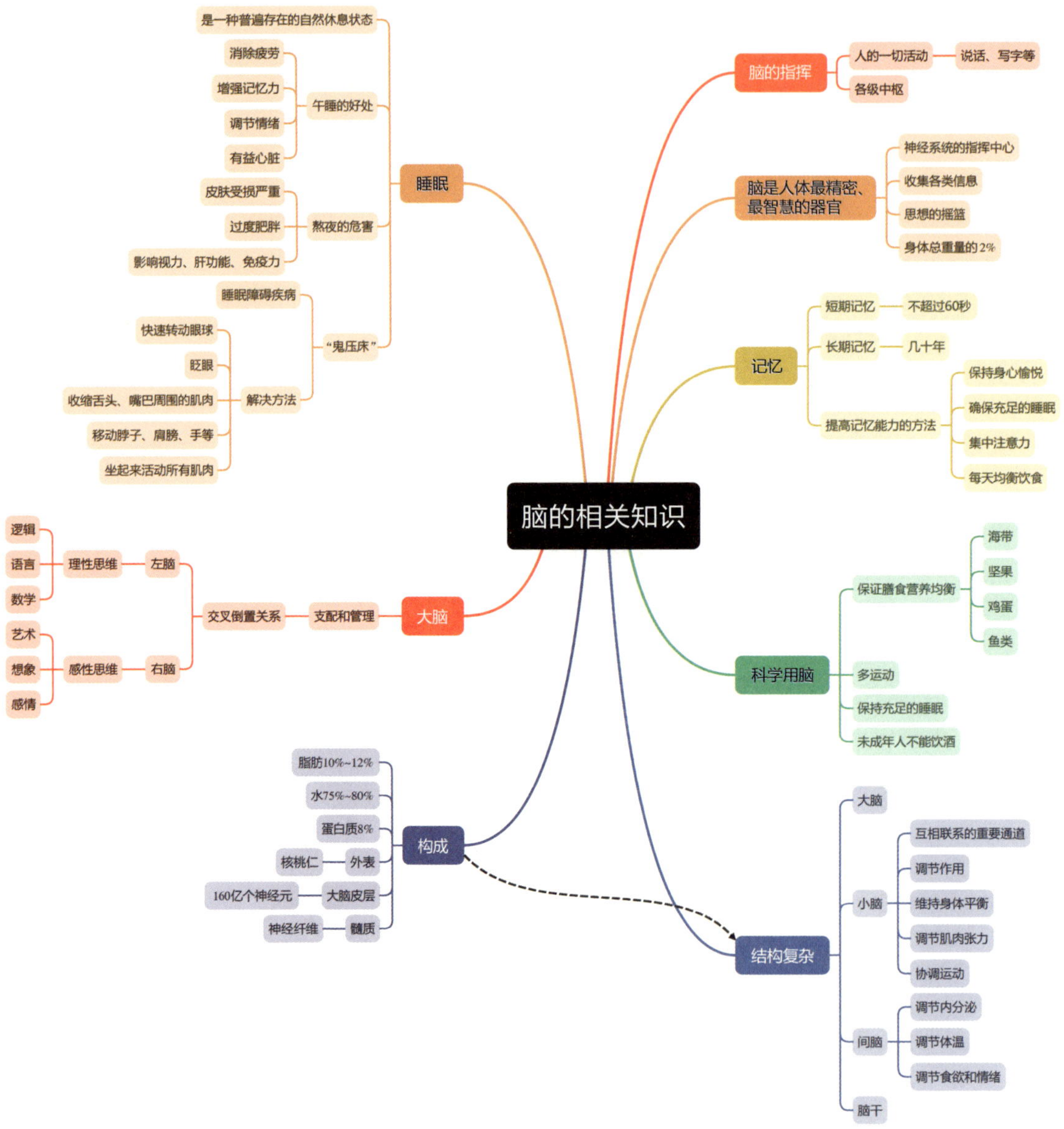
脑的相关知识
脑的指挥
人的一切活动
说话、写字等
各级中枢
脑是人体最精密、最智慧的器官
神经系统的指挥中心
收集各类信息
思想的摇篮
身体总重量的2%
记忆
短期记忆
不超过60秒
长期记忆
几十年
提高记忆能力的方法
保持身心愉悦
确保充足的睡眠
集中注意力
每天均衡饮食
科学用脑
保证膳食营养均衡
海带
坚果
鸡蛋
鱼类
多运动
保持充足的睡眠
未成年人不能饮酒
结构复杂
大脑
小脑
互相联系的重要通道
调节作用
维持身体平衡
调节肌肉张力
协调运动
间脑
调节内分泌
调节体温
调节食欲和情绪
脑干
睡眠
是一种普遍存在的自然休息状态
午睡的好处
消除疲劳
增强记忆力
调节情绪
有益心脏
熬夜的危害
皮肤受损严重
过度肥胖
影响视力、肝功能、免疫力
“鬼压床”
睡眠障碍疾病
解决方法
快速转动眼球
眨眼
收缩舌头、嘴巴周围的肌肉
移动脖子、肩膀、手等
坐起来活动所有肌肉
大脑
支配和管理
交叉倒置关系
左脑
理性思维
逻辑
语言
数学
右脑
感性思维
艺术
想象
感情
构成
脂肪10%~12%
水75%~80%
蛋白质8%
外表
核桃仁
大脑皮层
160亿个神经元
髓质
神经纤维

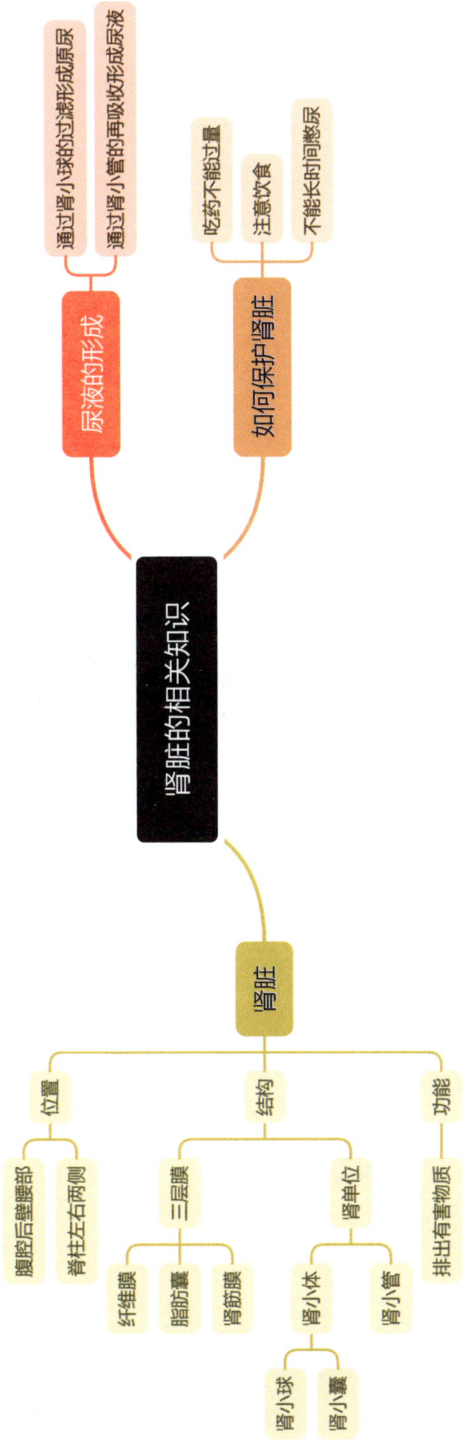
肾脏的相关知识
尿液的形成
通过肾小球的过滤形成原尿
通过肾小管的再吸收形成尿液
如何保护肾脏
吃药不能过量
注意饮食
不能长时间憋尿
肾脏
位置
腹腔后壁腰部
脊柱左右两侧
结构
三层膜
纤维膜
脂肪囊
肾筋膜
肾单位
肾小体
肾小球
肾小囊
肾小管
功能
排出有害物质

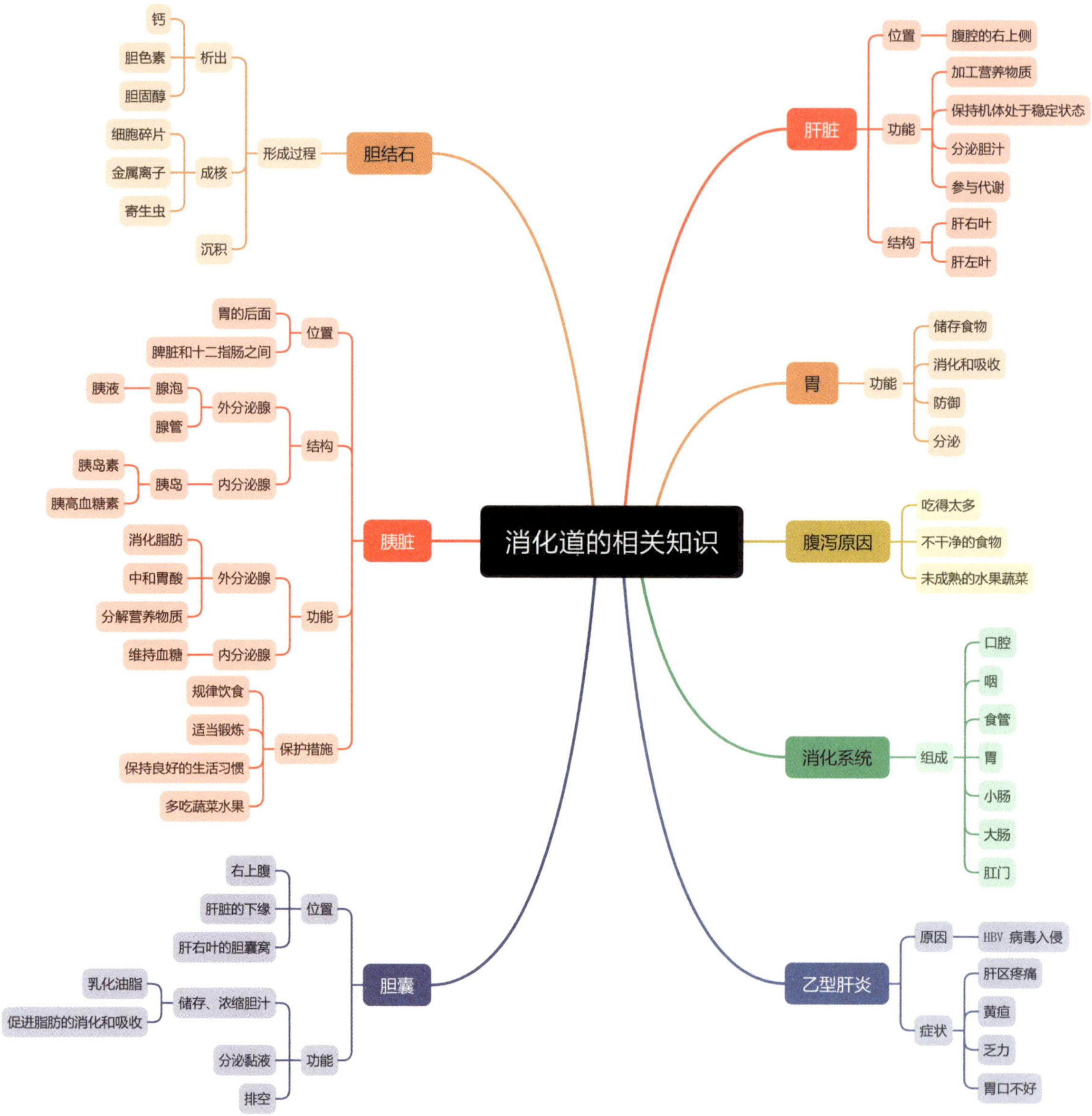
消化道的相关知识
胆结石
形成过程
析出
钙
胆色素
胆固醇
成核
细胞碎片
金属离子
寄生虫
沉积
胰脏
位置
胃的后面
脾脏和十二指肠之间
结构
外分泌腺
腺泡
胰液
腺管
内分泌腺
胰岛
胰岛素
胰高血糖素
功能
外分泌腺
消化脂肪
中和胃酸
分解营养物质
内分泌腺
维持血糖
保护措施
规律饮食
适当锻炼
保持良好的生活习惯
多吃蔬菜水果
胆囊
位置
右上腹
肝脏的下缘
肝右叶的胆囊窝
功能
储存、浓缩胆汁
乳化油脂
促进脂肪的消化和吸收
分泌黏液
排空
肝脏
位置
腹腔的右上侧
功能
加工营养物质
保持机体处于稳定状态
分泌胆汁
参与代谢
结构
肝右叶
肝左叶
胃
功能
储存食物
消化和吸收
防御
分泌
腹泻原因
吃得太多
不干净的食物
未成熟的水果蔬菜
消化系统
组成
口腔
咽
食管
胃
小肠
大肠
肛门
乙型肝炎
原因
HBV 病毒入侵
症状
肝区疼痛
黄疸
乏力
胃口不好

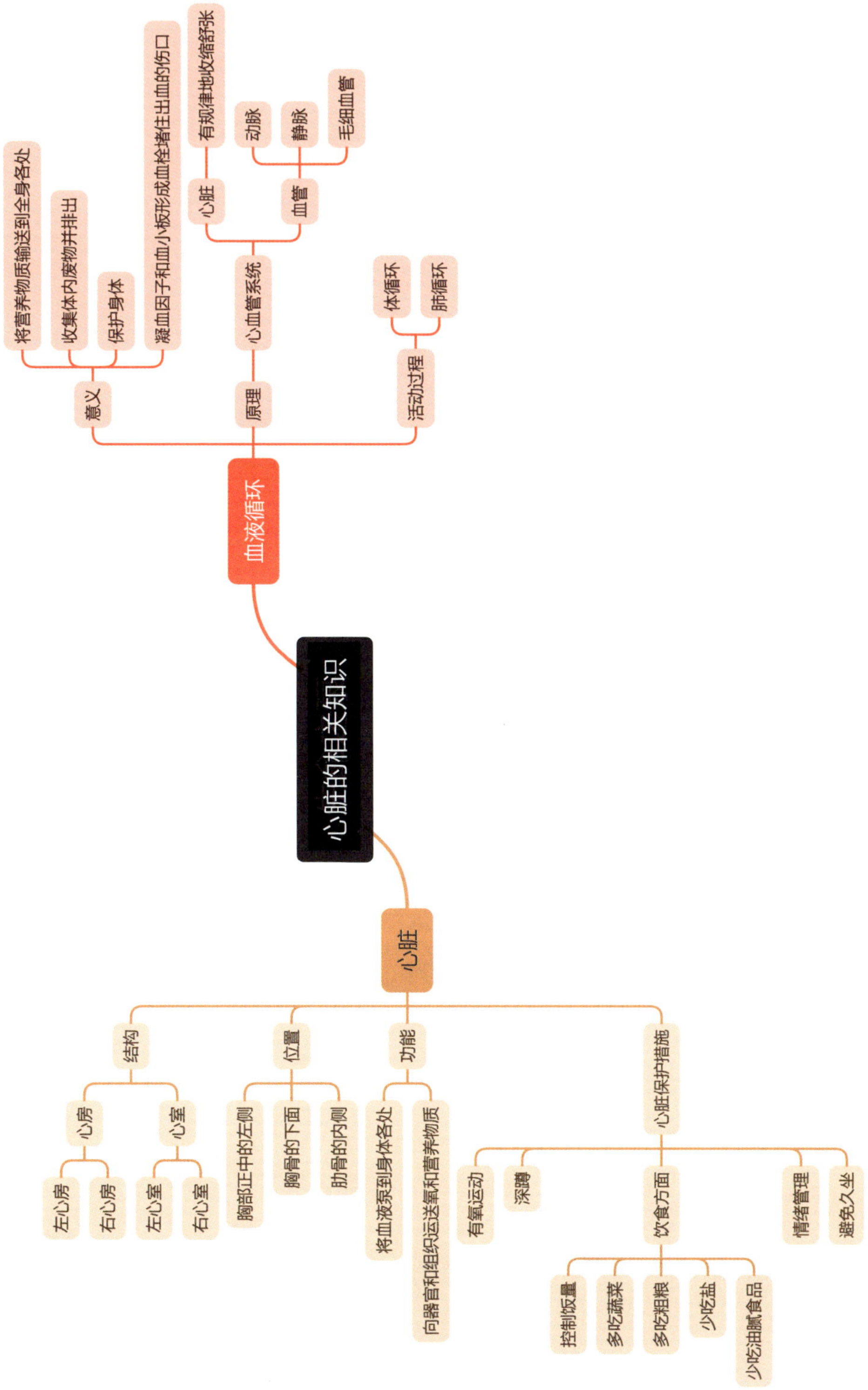
心脏的相关知识
血液循环
意义
将营养物质输送到全身各处
收集体内废物并排出
保护身体
凝血因子和血小板形成血栓堵住出血的伤口
原理
心血管系统
心脏
有规律地收缩舒张
血管
动脉
静脉
毛细血管
活动过程
体循环
肺循环
心脏
结构
心房
左心房
右心房
心室
左心室
右心室
位置
胸部正中的左侧
胸骨的下面
肋骨的内侧
功能
将血液泵到身体各处
向器官和组织运送氧气和营养物质
心脏保护措施
有氧运动
深蹲
饮食方面
控制饭量
多吃蔬菜
多吃粗粮
少吃盐
少吃油腻食品
情绪管理
避免久坐

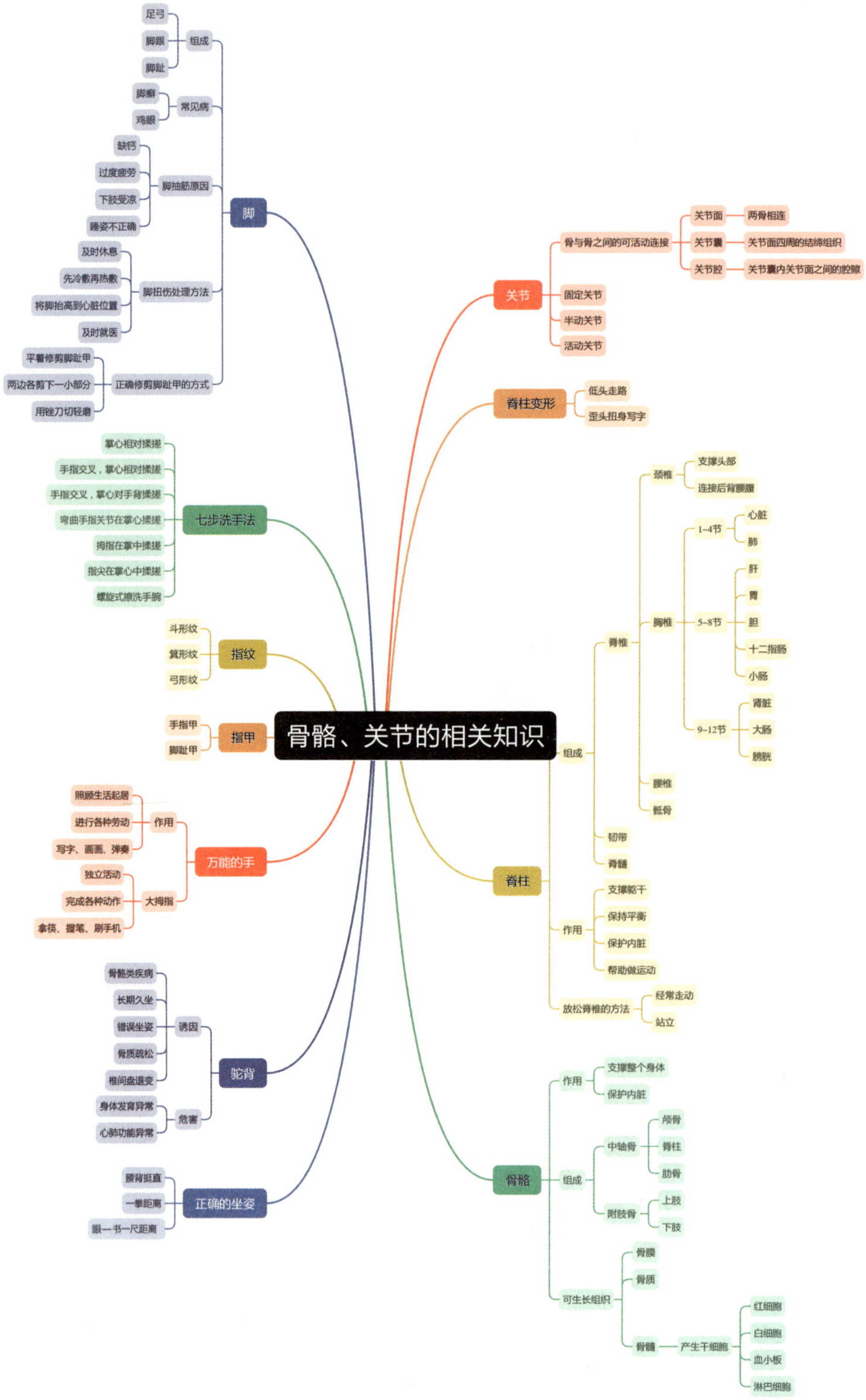
骨骼、关节的相关知识
脚
组成
足弓
脚跟
脚趾
常见病
脚癣
鸡眼
脚抽筋原因
缺钙
过度疲劳
下肢受凉
睡姿不正确
脚扭伤处理方法
及时休息
先冷敷再热敷
将脚抬高到心脏位置
及时就医
正确修剪脚趾甲的方式
平着修剪脚趾甲
两边各剪下一小部分
用锉刀切轻磨
七步洗手法
掌心相对揉搓
手指交叉，掌心相对揉搓
手指交叉，掌心对手背揉搓
弯曲手指关节在掌心揉搓
拇指在掌中揉搓
指尖在掌心中揉搓
螺旋式擦洗手腕
指纹
斗形纹
箕形纹
弓形纹
指甲
手指甲
脚趾甲
万能的手
作用
照顾生活起居
进行各种劳动
写字、画画、弹奏
大拇指
独立活动
完成各种动作
拿筷、握笔、刷手机
驼背
诱因
骨骼类疾病
长期久坐
错误坐姿
骨质疏松
椎间盘退变
危害
身体发育异常
心肺功能异常
正确的坐姿
腰背挺直
一拳距离
眼一书一尺距离
关节
骨与骨之间的可活动连接
关节面
两骨相连
关节囊
关节面四周的结缔组织
关节腔
关节囊内关节面之间的腔隙
固定关节
半动关节
活动关节
脊柱变形
低头走路
歪头扭身写字
脊柱
组成
脊椎
颈椎
支撑头部
连接后背腰腹
胸椎
1~4节
心脏
肺
5~8节
肝
胃
胆
十二指肠
小肠
9~12节
肾脏
大肠
膀胱
腰椎
骶骨
韧带
脊髓
作用
支撑躯干
保持平衡
保护内脏
帮助做运动
放松脊椎的方法
经常走动
站立
骨骼
作用
支撑整个身体
保护内脏
组成
中轴骨
颅骨
脊柱
肋骨
附肢骨
上肢
下肢
可生长组织
骨膜
骨质
骨髓
产生干细胞
红细胞
白细胞
血小板
淋巴细胞

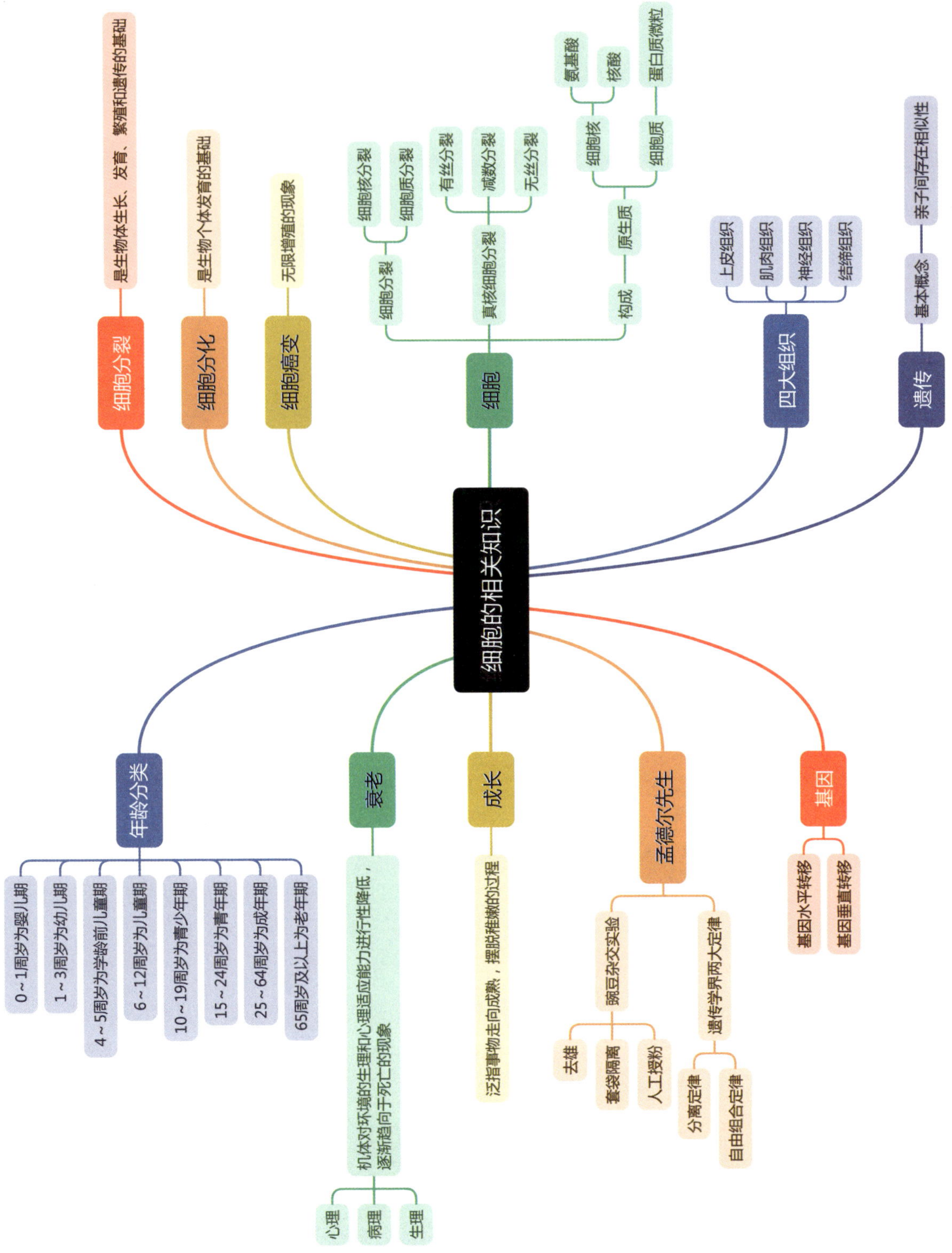
细胞的相关知识
细胞分裂
是生物体生长、发育、繁殖和遗传的基础
细胞分化
是生物个体发育的基础
细胞癌变
无限增殖的现象
细胞
细胞分裂
细胞核分裂
细胞质分裂
真核细胞分裂
有丝分裂
减数分裂
无丝分裂
构成
原生质
细胞核
氨基酸
核酸
细胞质
蛋白质微粒
四大组织
上皮组织
肌肉组织
神经组织
结缔组织
遗传
基本概念
亲子间存在相似性
年龄分类
0～1周岁为婴儿期
1～3周岁为幼儿期
4～5周岁为学龄前儿童期
6～12周岁为儿童期
10～19周岁为青少年期
15～24周岁为青年期
25～64周岁为成年期
65周岁及以上为老年期
衰老
机体对环境的生理和心理适应能力进行性降低，逐渐趋向于死亡的现象
心理
病理
生理
成长
泛指事物走向成熟，摆脱稚嫩的过程
孟德尔先生
豌豆杂交实验
去雄
套袋隔离
人工授粉
遗传学界两大定律
分离定律
自由组合定律
基因
基因水平转移
基因垂直转移

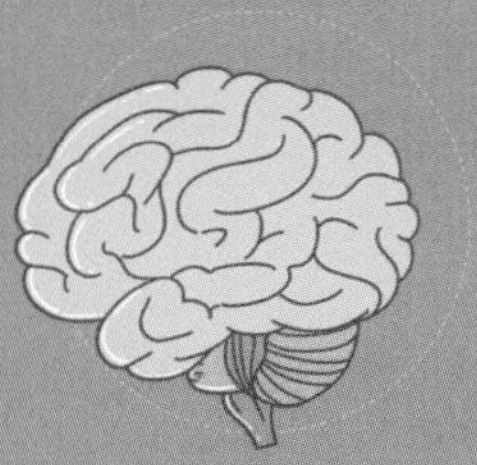